경북의 종가문화 40

영남학의 맥을 잇다,
안동 정재 류치명 종가

기획 | 경상북도 · 경북대학교 영남문화연구원
지은이 | 오용원
펴낸이 | 오정혜
펴낸곳 | 예문서원

편집 | 유미희
디자인 | 김세연
인쇄 및 제본 | 주) 상지사 P&B

초판 1쇄 | 2016년 5월 10일

주소 | 서울시 성북구 안암로 9길 13(안암동 4가) 4층
출판등록 | 1993년 1월 7일(제307-2010-51호)
전화 | 925-5914 / 팩스 | 929-2285
홈페이지 | http://www.yemoon.com
이메일 | yemoonsw@empas.com

ISBN 978-89-7646-354-8 04980
ISBN 978-89-7646-348-7 (전6권) 04980

값 22,000원

영남학의 맥을 잇다,
안동 정재 류치명 종가

경북의 종가문화 연구진

연구책임자   정우락(경북대 국문학과)

공동연구원   황위주(경북대 한문학과)
                  조재모(경북대 건축학부)

종가선정위원장   황위주(경북대 한문학과)

종가선정위원   이수환(영남대 역사학과)
                  홍원식(계명대 철학윤리학과)
                  정명섭(경북대 건축학부)
                  배영동(안동대 민속학과)
                  이세동(경북대 중문학과)

종가연구팀   이상민(영남문화연구원 연구원)
                  김위경(영남문화연구원 연구원)
                  최은주(영남문화연구원 연구원)
                  이재현(영남문화연구원 연구원)
                  김대중(영남문화연구원 연구보조원)
                  전설련(영남문화연구원 연구보조원)

경상북도에서 『경북의 종가문화』 시리즈 발간사업을 시작한 이래, 그간 많은 분들의 노고에 힘입어 어느새 40권의 책자가 발간되었습니다. 본 사업은 더 늦기 전에 지역의 종가문화를 기록으로 남겨 후세에 전해야 한다는 절박함에서 시작되었습니다. 비로소 그 성과물이 하나하나 결실로 맺어져 지역을 대표하는 문화자산으로 자리 잡아가고 있어 300만 도민의 한 사람으로서 무척 보람되게 생각합니다.

올해는 경상북도 신청사가 안동·예천 지역으로 새로운 보금자리를 마련하여 이전한 역사적인 해입니다. 경북이 새롭게 도약하는 중요한 시기에 전통문화를 통해 우리의 정체성을 되짚어 보고, 앞으로 나아갈 방향을 모색해 보는 것은 매우 의미 있는 일이라고 생각합니다. 그 전통문화의 중심에는 종가宗家가 있습니다. 우리 도에는 240여 개소에 달하는 종가가 고유의 문화를 온전히 지켜오고 있어 우리나라 종가문화의 보고寶庫라고 해도 과언이 아닙니다.

하지만 최근 산업화와 종손·종부의 고령화 등으로 인해 종가문화는 급격히 훼손·소멸되고 있는 실정입니다. 이에 경상북도에서는 종가문화를 보존·활용하고 발전적으로 계승하기 위해 2009년부터 '종가문화 명품화 사업'을 추진해 오고 있습니다. 그간 체계적인 학술조사 및 연구를 통해 관련 인프라를 구축하고, 명품 브랜드화 하는 등 향후 발전 가능성을 모색하기 위해 노력하고 있습니다.

경북대학교 영남문화연구원을 통해 2010년부터 추진하고 있는 『경북의 종가문화』 시리즈 발간도 이러한 사업의 일환입니다. 도내 종가를 대상으로 현재까지 『경북의 종가문화』 시리즈 40권을 발간하였으며, 발간 이후 관계문중은 물론 일반인들로부터 큰 호응을 얻고 있습니다. 이들 시리즈는 종가의 입지조건과 형성과정, 역사, 종가의 의례 및 생활문화, 건축문화, 종손과 종부의 일상과 가풍의 전승 등을 토대로 하여 일반인들이 쉽고 재미있게 읽을 수 있는 교양서 형태의 책자 및 영상물(DVD)로 제작되었습니다. 내용면에 있어서도 철저한 현장조사를 바탕으로 관련분야 전문가들이 각기 집필함으로써 종가별 특징을 부각시키고자 노력하였습니다.

이러한 노력으로, 금년에는 「안동 고성이씨 종가」, 「안동 정재 류치명 종가」, 「구미 구암 김취문 종가」, 「성주 완석정 이언영 종가」, 「예천 초간 권문해 종가」, 「현풍 한훤당 김굉필 종가」 등 6곳의 종가를 대상으로 시리즈 6권을 발간하게 되었습니다. 비록 시간과 예산상의 제약으로 말미암아 몇몇 종가에 한정하여 진행하고 있으나, 앞으로 도내 100개 종가를 목표로 연차 추진해 나갈 계획입니다. 종가관련 자료의 기록화를 통해 종가문화 보존 및 활용을 위한 기초자료를 제공함은 물론, 일반인들에게 우리 전통문화의 소중함과 우수성을 알리는 데 크게 도움이 될 것으로 확신합니다.

　현 정부에서는 문화정책 기조로서 '문화융성'을 표방하고 우리문화를 세계에 알리는 대표적 사례로서 종가문화에 주목하고 있으며, '창조경제'의 핵심 아이콘으로서 전통문화의 가치가 새롭게 조명되고 있습니다. 그 바탕에는 수백 년 동안 종가문화를 올곧이 지켜온 종문宗門의 숨은 저력이 있었음을 깊이 되새기고, 이러한 정신이 경북의 혼으로 승화되어 세계적인 정신문화로 발전해 나가길 진심으로 바라는 바입니다.

　앞으로 경상북도에서는 종가문화에 대한 지속적인 조사·연구 추진과 더불어, 종가의 보존관리 및 활용방안을 모색하는데 적극 노력해 나갈 것을 약속드립니다. 이를 통해 전통문화를 소중히 지켜 오신 종손·종부님들의 자긍심을 고취시키고, 나아가 종가문화를 한국의 대표적인 고품격 한류韓流 자원으로 정착시키기 위해 더욱 힘써 나갈 계획입니다.

　끝으로 이 사업을 위해 애쓰신 정우락 경북대학교 영남문화연구원장님과 여러 연구원 여러분, 그리고 집필자 분들의 노고에 진심으로 감사드립니다. 아울러, 각별한 관심을 갖고 적극적으로 협조해 주신 종손·종부님께도 감사의 말씀을 드립니다.

2016년 3월 일
경상북도지사 김관용

우리는 흔히 안동을 '한국 정신문화의 수도'라고 말한다. 이는 안동이 우리나라 정신문화의 산실이자 메카라는 의미이다. 안동은 전통시대부터 근대에 이르기까지 다양한 형태의 정신적인 활동을 통하여 문화, 사상, 학문, 종교, 예술 등 여러 분야에서 관련 문화원형을 꾸준히 생산해왔다. 그래서 하회마을과 한국국학진흥원에서 소장하고 있는 유교책판이 각각 유네스코 '세계문화유산'과 '세계기록유산'에 등재됨으로써 세계가 인정하는 문화도시로서 더욱더 각광을 받게 된 것이다.

안동이 정신문화의 메카로서 그 격을 갖추고 전통을 전승할 수 있었던 것은 다양한 계층과 분야의 보이지 않는 노력 덕분이었다. 특히 전통시대에는 정신문화를 생산했던 공간은 다양했지만, 지금까지 종가만큼 그 원형을 잘 보존하고 유지하는 곳은 그리 흔치 않은 편이다. 특히 안동은 우리나라의 어떤 지역보다 불천위 종가의 개체수가 많을 뿐만 아니라, 그곳에서 생활했던 선대로부터 물려받은 문화원형들을 후손들이 잘 계승해 왔다. 소통의 공간이었던 건축물, 선조들의 정신과 세계관이 문자로 수록된 고전적, 선조들이 향유했던 식문화 등이 이러한 것들이다.

오늘날에는 여러 학문분야에서 안동의 이러한 지역적 특수성을 규명하기 위해 연구를 진행해 왔다. 지금까지 종가문화가 잘 전승될 수 있었던 것은 그 공간이 갖는 나름대로의 본태적 특수성이 강하기 때문이다. 시시각각으로 변화하는 시대적 흐름과 물질의 편리함을 구가했던 세류世流에도 불구하고, 변칙變則을 용납하지 않았던 종가의 구성원들은 오늘날 우리 사회에서 선양받아 마땅할 것이다. 지금까지 종가의 숨은 노력이 있었기에 우리는 그곳에서 선인들이 남긴 전통문화를 체험하고 선현들의 아름다운 정신을 본받을 수 있다.

일반적으로 종가의 봉사손奉祀孫을 '종손宗孫'이라고 한다. 그들은 지난 수백 년 동안 대대로 종원들의 리더로서 종가를 수호하고 문중을 이끌어 왔으며, 문중의 다양한 책무를 수행하며 살아왔다. 그리고 죽어서도 가묘에 위패로 모셔져 종가의 또다른 수호신으로 종가를 지켜왔다. 그리 녹녹치 않는 삶을 살다간 종손들이다. 일반인들이 느낄 수 없는 외로움과 무거운 종가의 무게를 늘 어깨에 매고 평생을 살았던 셈이다.

비단 그들의 삶은 문중에만 한정되지 않는다. 국가 위란시에는 자신이 가진 모든 것을 내려놓고, 가산을 처분하여 국가를 위해 희생했던 종손들의 삶도 있었다. 이런 정신은 단순히 정규적인 학습을 통해 습득한 지식의 실천이 아니다. 그것은 바로 어릴 때부터 선대에게 보고 듣고 체득한 정신을 여과없이 실천한 결과의 노정이다. 이런 희생적 삶이 세상에 드러나지 않은 인물들도 있다. 남에게 과시하거나 세상에 드러내기 위해 자신의 모든 것을 버린 것은 아닐 것이다.

21세기, 최첨단 시대를 살아가는 우리들은 물질의 편리와 정신의 빈곤이라는 문명의 충돌에 직면하면서 그 해결 방안을 찾고 있다. 하나를 얻으면 다른 하나를 잃어야 하는 자연의 이치를 누구나 쉽게 알고 있다. 우리는 이런 위기를 극복할 수 있는 해법을 다양한 경로를 통해 찾고 있지만 쉽게 그 해답을 얻지 못하고 있다. 해답은 '과거는 오래된 미래다' 라는 화두에서 찾을 수 있을 것이다. 과거에 뛰어난 혜안을 가졌던 선각자들의 삶 속에서 우리가 어떻게 살아야 할지에 대한 해답을 찾을 수 있다.

정재종가는 어느 불천위 종가처럼 오랜 역사를 갖고 있지는 않다. 현 종손이 정재 류치명으로부터 6대 봉사손이다. 사실 그 선대인 양파 류관현으로부터 대수를 헤아리면 그 역사가 꽤 오래되었다. 필자는 지난 수개월 동안 본고를 집필하기 위해 정재가의 다양한 일면을 관련 기록들을 통하여 살펴보았다. 물론 지금까지 한문학을 공부하면서 무실의 전주류문全州柳門 관련 인물이나 기록들을 가끔 살펴본 적이 있었다. 이번 집필에서 전주류문뿐만 아니라, 정재의 인생편력을 구체적으로 보면서 그들의 삶과 가풍에 존경을 표하지 않을 수 없었다.

16C에 안동 무실에 입향했던 전주류문은 지난 400년 동안 출중한 인물이 많이 배출되었다. 아울러 그들이 남긴 문자향은 질량적質量的인 면에서 어떤 문중과도 함부로 견줄 수 없을 것이다. 그들은 임란이나 일제강점기와 같은 국가 위란시에 분연히 일어나 사회와 국가를 위해 대가 없는 자기희생을 실천하였고, 평상시에는 선조들이 남긴 아름다운 가풍을 계승하며 향촌사회의 교화에 주도적인 역할을 하였다. 누구나 쉽게 행할 수 있는 일들이 아니다. 특히 18C에 태어나 한 시대에 사도師道를 자임했던 정재의 삶과 학문세계는 우리들에게 시사하는 바가 크다.

현재 정재종가에는 정재선생의 6대 봉사손인 류성호 종손이 종가를 경영하고 있다. 필자는 개인적으로 종손을 자주 뵙는 편이다. 이번 집필에서 많은 도움을 받았다. 지면을 통해 감사하다는 말씀을 꼭 드리고 싶다. 조상에 대한 향념과 생업에 열심히 매진하는 그의 모습이 아름답게 느껴졌다. 그의 선조들이 그랬듯이 그 역시 선조들이 남긴 아름다운 문화원형들을 잘 계승하여 후손들에게 물려줄 수 있을 것이다.

이 글을 쓰면서 많은 분들의 도움을 받았다. 우선 영남문화

연구원 종가문화 연구팀에게 감사를 드린다. 그리고 정재 관련 자료를 꼼꼼히 분석하여 집필한 류영수 박사의 논문은 본고를 집필하는 데 길라잡이 역할을 해주었다. 또한 정재의 학문을 살펴보기 위해서는 그의 철학적인 면을 드러내지 않을 수 없었다. 사실 필자는 한문학 전공자로서 철학에 대한 이해가 부족하기 때문에 2장의 '퇴계학 계승과 호학의 정립' 부분은 이상호 박사의 연구에 전적으로 의지할 수밖에 없었다.

정재종가는 정재를 위시하여 그 아랫대 3대가 독립운동에 투신했던 명문가였다. 누구나 쉽게 실천할 수 없는 정신이다. 안동이 한국의 정신문화 수도가 될 수 있는 것도 이런 선현들의 노력이 있었기 때문이다. 비록 지금은 임하호의 물 속에 잠겨 그 옛 모습을 볼 수는 없지만, 각지로 흩어져 선조들이 남긴 정신문화를 후손들에게 잘 전승할 수 있을 것이라고 믿는다. 아무튼 큰 정재종가를 한 권의 책 속에 담기에는 무지한 필자로서 능력의 한계를 느꼈다. 정재가의 아름다운 모습들을 제대로 표현하지 못한 점이 많을 것이다. 정재종가의 종손을 비롯하여 지손 어른신들께 거듭 질정을 바란다.

2016년 정월
죽천재에서
오용원 쓰다.

차례

제1장 수곡을 찾은 전주류씨 全州柳氏

1. 전주류씨全州柳氏, 무실에 터잡다

지구상에 인류가 삶을 영위한 이후로, 인간은 주변의 자연환경과 삶의 생활패턴에 따라 저마다 다양한 생활양식의 문화를 생산하며 살아왔다. 물론 삶의 터전이 되었던 주변환경의 정도나 그 구성원이 갖고 있었던 여러가지 기술적·물질적 능력과 발전에 따라 문화가 낳은 결과물은 확연한 차이를 보여 주었다. 그렇다면 각양의 문화를 낳았던 전통시대 우리 선인들은 어떻게 살았을까?

인류문명의 보편적인 현상이긴 하지만, 우리나라 전통시대에는 동성同姓을 중심으로 혈연공동체 생활을 영위하며 살았다. 어쩌면 이러한 공동체적 삶은 유교이념의 대동사회를 구가했던 우리 선현들이 살아가기에 가장 이상적인 형태였을지도 모른다.

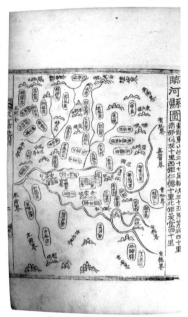

『영가지永嘉誌』, 〈임하현도臨河縣圖〉

구성원간에 보듬살이를 통하여 상호 부족한 부분을 채워주기도
하고, 향촌사회에서 자신들의 공동체 위상을 제고하기 위하여 끊
임없이 노력할 수밖에 없었다.

안동은 동성을 중심으로 혈연공동체 생활을 했던 우리나라
의 대표적인 공간이다. 수 세기 동안 안동에서 혈연공동체 생활
을 했던 문중 가운데 대표적인 곳이 바로 무실[水谷]의 전주류문全
州柳門이다. 안동 시내에서 동해 방향으로 34번 국도를 따라 13㎞
쯤에 의성김씨가 집성촌을 이루고 있는 내앞[川前] 마을이 있다.

다시 여기서 임하호臨河湖의 창연한 호수 경관을 끼고 10㎞쯤 지나다 보면 왼쪽 언덕에 자리잡고 있는 정재종택定齋宗宅을 만나게 된다. 이곳은 바로 19세기 영남 사림의 사도師道를 자임했던 정재定齋 류치명柳致明(1777-1861)의 생가이다. 지금은 그의 6대 봉사손이 이곳에 거주하며 종가를 경영하고 있다.

정재종택이 이곳으로 이거하여 새롭게 터를 잡은 것은 그리 오래되지 않았다. 1984년에 임하댐의 건설이 착공되고, 1994년에 준공되면서 임동면 망천리와 임하면 임하리 사이에 거주하고 있던 여러 성씨들의 자연 부락들이 집단 이주하게 되었다. 무실의 전주류문 역시 이 일대에 거주하고 있다가 약 450년 동안 쌓았던 그들의 찬란했던 역사와 문화를 임하호에 고스란히 묻어둔 채 인근의 무실 이주 단지와 안동 시내, 구미시 해평면 일선리 등지로 흩어져 터전을 마련하고, 전주류문의 새로운 역사를 쓰게 되었다.

무실은 오늘날 행정구역으로 볼 때, 안동시 임동면의 수곡리와 박곡리이다. 조선시대에 이곳은 진보 등을 비롯해서 동해를 통하는 교통 요로였으며, 다양한 속설로 인해 지금도 늘치미樓

枕), 원두, 납실[申谷], 책거리[中平] 등의 지명이 남아 있다.

여러 문헌이나 구전으로 볼 때, 전주류문이 이곳에 터를 잡기 전에는 내앞에 거주하고 있던 김문金門의 전장田莊이 상당하였고, 거주하던 주민 역시 촌민이었다. 특별한 문중이 동성으로 씨족 공동체를 형성하지는 못했던 것으로 보인다. 영남의 대표적인 반촌의 반열에 설 수 있었던 것은 바로 류성柳城(1533-1560)이 돌고개 넘어 있던 청계青溪 김진金璡(1500-1580)의 맏사위가 되어 이곳에 입향하면서부터였다.

청계는 26세에 사마시司馬試에 급제하여 성균관에서 유학하면서 하서河西 김인후金麟厚(1510-1560), 퇴계 등 당대 명유들과 교유하였다. 그는 사림파가 대참변을 겪은 을사사화乙巳士禍(1545)가 일어나자, 결국 과거를 단념하고 청기현青杞縣[영양군英陽郡 청기면青杞面]에 강당을 건립하여 후학양성에 전념하며 일생을 보냈다. 영남의 재지사족 중 안동의 의성김씨 내앞김문[川前金門]은 영남의 명문 거족으로서 동성촌을 형성하여 사림세력의 성장 추세에 반열을 같이 하였고, 주자학적 향촌지배질서에서 재지사족으로서의 확고한 기반을 구축하였다.

　청계와 민씨閔氏 사이에는 여덟 명의 자녀가 있었다. 특히 약봉藥峯 김극일金克一(1522-1585), 귀봉龜峯 김수일金守一(1528-1583), 조졸한 운암雲巖 김명일金明一(1534-1570), 학봉鶴峯 김성일金誠一(1538-1583), 남악南嶽 김복일金復一(1541-1591) 등 형제들은 덕업과 문장이 당대에 출중하여 세상 사람들이 이들을 '김씨오룡金氏五龍'이라 하였다. 이들 다섯 형제는 모두 과거에 합격했고, 특히 세 명이 문과에 급제하였다. 청계는 어린아이들을 남겨두고 아내가 일찍 죽자, 자녀의 양육과 교육을 직접 챙겼다.

　류성이 청계의 맏사위가 된 것은 향후 무실의 전주류문에 있어서 매우 큰 의미를 갖는다. 류윤선柳潤善(1500-?)은 그의 형 류윤덕柳潤德이 영주 군수로 재직할 때, 그를 따라 함께 내려와 영주에 살던 사직司直 박승장朴承張의 사위가 되었고 영주에 터를 잡았다. 이전에는 주로 서울 묵사동墨寺洞에서 조상 대대로 살았다. 그러다가 그의 아들 류성柳城(1533-1560)이 청계의 맏사위가 되면서 영주에서 다시 안동으로 내려와 처가가 있는 내앞川前에서 그리 멀지 않은 무실[수곡]에 터를 잡게 되었고, 결국 전주류씨 '수곡파水谷派'라는 문중을 형성하게 되었다.

　이후 차츰 문중이 번창하면서 근처 박실, 한들[수하삼촌水下三村]과 고천, 갈전, 맛재[수상삼촌水上三村] 등으로 흩어져 집성촌을 이루었다. 안동권역으로는 임동, 예안, 서후 일대[개실]와 청송의

부남과 진보 일대 등으로 확대하여 세거하게 되었다. 류성이 안동 수곡에 쉽게 정착하고, 훗날 안동뿐만 아니라 타 지역에 집성촌을 이루어 문중이 번성하며 영남지역의 향촌사회에서 무실 전주류문의 위상을 확고하게 정립할 수 있었던 데에는 여러 측면에서 처가로부터 받은 도움이 컸다.

그런데 류성은 결혼한 지 얼마 되지 않은 28세의 젊은 나이로 단명短命하는 불운을 겪게 된다. 그의 부음訃音은 친가뿐만 아니라, 처가의 입장에서도 청천벽력 같은 비보였다. 당시 그에게는 여섯 살이었던 기봉岐峯 류복기柳復起(1555-1617)와 세 살이었던 묵계墨溪 류복립柳復立(1558-1593) 두 아들이 있었다. 더 불행하게

박곡파朴谷派

9세	10세	11세	12세	13세	14세	15세	16세
復起	友潛	櫨	振輝	奉時	升鉉 (慵窩)	道源	範休
							洛休
							玄休

대평파大坪派

9세	10세	11세	12세	13세	14세	15세	16세
復起	友潛	櫨	振輝	奉時	觀鉉	通源	星休
							川休(出)
							龜休
						道源(出)	
						長源	川休

17세	18세	19세	20세	21세	22세	23세	24세
魯文	致任	建鎬 廷鎬(出) 止鎬(出)	淵愚	東義			
	致儉						
		廷鎬					
	致儼						
鼎文	致孝	基鎬	淵鱗	樹澤			
	致敎						
	致厚						
	致好						
	致游						
少文	致潤	章鎬	淵楫	東建			

17세	18세	19세	20세	21세	22세	23세	24세
晦文	致明	止鎬	淵博	東薈	澤蕃	光俊	成昊
暾文					重蕃		
暐文					必蕃		

도 류성의 처는 남편의 3년상을 마치고 식음을 전폐한 채 지내다가, 결국 죽음의 길을 택하게 된다. 이후 류성의 두 아들은 외가가 있는 내앞에서 자라게 되는데, 특히 외숙外叔인 학봉은 졸지에 부모를 잃은 두 생질을 마치 자식처럼 보살피고 훈육하였다.

훗날 450년 동안 전주류씨 수곡파와 의성김씨 천전파의 대를 이은 세의世誼는 수곡의 정착과 외가에서 자란 기봉과 묵계의 성장 배경에서 시작된 셈이다. 또한 영남지역에서 전주류씨 수곡파가 보다 쉽게 문중의 외연을 확장할 수 있었던 것도 바로 이러한 배경에서 비롯되었다고 할 수 있다. 이러한 천김수류川金水柳의 세의는 향후 조선조를 관류하며 두터운 인연으로 이어졌다. 그리하여 안동지역 향촌 사회에서 양문은 상호부조하며 각각 자신들의 위상을 정립하였다.

어느 문중이든 마찬가지겠지만, 입향 초기에 향중에서 문중의 입지를 정립하기 위해서는 많은 고충이 따른다. 기봉과 묵계는 외가의 남다른 보살핌을 받아 훌륭하게 자랄 수 있었다. 이후 아우 류복립는 그의 종조였던 류윤덕柳潤德의 후사로 출계出系하였고, 형 류복기는 후손이 크게 번성하여 여섯 아들을 낳았다.

임진왜란이 일어나자, 그해 6월부터 류복기는 근시재近始齋 김해金垓(1555-1593), 금역당琴易堂 배용길裵龍吉(1556-1609), 김윤명金允明, 김륵金玏 등과 함께 안동의 예안, 임하 등지에서 회맹會盟하며 적극 참전하였다. 1592년에 학봉이 조카 김용金涌, 김약金瀹,

김철金澈 등과 생질 류복기, 류인영에게 보낸 편지를 보면, 그의 임란 창의에는 외숙 학봉의 독려가 한 몫 했음을 알 수 있다.

> 그곳에서는 의병이 일어나지 않았다고 하는 데, 안집사安集使
> 가 불러 모으고 있지 않는가? 열읍에서 도망하여 숨어만 있는
> 것은 적에게 항복하거나 붙는 것과 다름이 없으니, 그러다가
> 는 온 나라가 마침내 오랑캐가 되고 말 것이다. 어쩌면 그리도
> 생각이 얕단 말인가. 본도는 의병이 사방에서 일어났으므로
> 적에게 대항할 수 있는 데, 좌도는 그렇지 못하니, 또한 부끄럽
> 지 않겠는가. 살아서는 열사가 되고 죽어서는 충혼이 될 것이
> 니, 너희들도 의당 힘써야 할 것이다.
> ―『학봉선생문집』 권4, 「기제질생용약철류복기류인영寄諸姪
> 甥涌瀹澈柳復起柳仁榮」

또한 화왕산 전투는 정유재란 때 화왕산 전투에서 아들 5형
제와 함께 참전하기도 했다. 그리고 류복립은 김성일이 초유사
로 진주성에서 병사한 지 얼마되지 않은 1593년 6월, 왜군의 2차
진주성 공격에서 36세(1593)의 젊은 나이로 전사하는 비극을 맞게
된다. 훗날 그는 전란에서 창의한 공훈으로 이조판서에 가증되
었고, 1802년에 진주 창렬사에 추향되었다. 이렇듯 입향조였던
류성의 두 아들 가운데 둘째 아들 류복립은 맏집 류윤덕의 후자

로 출계하였으나, 임란 때 젊은 나이로 전사하였다. 첫째 아들 류복기는 여섯 아들을 두었는데, 전주류씨 수곡파는 대부분 그의 후손이 된다.

전주류문의 가학은 류복기가 그 기초를 마련하였다. 그는 조실부모하고 외가에서 자라면서 외숙 학봉의 특별한 보살핌과 훈도를 받았다. 『학봉집』「언행록」에 이러한 사실이 잘 기록되어 있다.

우리 형제는 10세 전에 이미 부모님을 잃고 외가에서 자랐다. 선생께서는 보살펴 주고 길러 줌에 있어서 은혜와 사랑을 지극하게 하시고, 음식이나 의복, 가르치는 일 등에 있어서 한결같이 자기 자식과 똑같이 하셨다. 우리들이 이미 수곡水谷에 자리잡고 살 적에는 모든 일을 시작하는 단계라서 뒤죽박죽 두서가 없었는데, 선생께서는 더욱더 불쌍히 여겨 돌보아 주셨다.

매번 원곡猿谷에서 오가는 즈음에 비록 날이 저물어 황급한 가운데서도 반드시 친히 우리들의 집에 오셔서 먼저 안부를 물은 다음 제사祭祀의 절차를 물었다. 그리고 농사짓는 것에 대해서는 노복들을 엄하게 신칙하면서 모든 일을 지시해 주었다. 또 몸가짐을 단속하고 학문을 부지런히 닦으라는 뜻으로 면려하고 경계하여 마지않으셨다. 우리들이 대충이나마 글을 알고 땅과 가업을 지켜올 수 있었던 것은 사소한 것까지도 모두 외삼촌의 힘이었다. 그러니 평생토록 그 은공을 사모하면 서 감격의 눈물을 흘리는 것이 어찌 끝이 있겠는가.
—『학봉선생문집』부록 권3,「언행록言行錄」

학봉 사후에 류복기는 외숙에 대한 그리움과 자신들을 훈도 해 주신 고마움을 잘 표현하고 있다. 그는 어릴 때 부모를 잃고 외가에서 자랐다. 가정사나 가계경영과 같은 대소사부터 일상의 몸가짐이나 학문 수학에 이르기까지 마치 부모처럼 외숙의 가르 침을 받지 않은 것이 없다고 술회하고 있다. 만년에 그는 기양서 당을 짓고 수학할 수 있는 공간을 마련하게 된다. 훗날 삼산三山 류정원柳正源은 류복기의「묘지墓誌」에서 "만년에는 거처하시는 곳 남쪽 언덕에 집을 지어서 그곳을 '기양서당岐陽書堂'이라 명명 하셨다. 그곳에 늘 거처하시면서 서사書史에 흠뻑 젖으셔서 사람 들이 그 끝을 살필 수 없었다. 대개 그 덕성은 심후하고 조행操行 이 확실하셨다. 한강寒岡 정구鄭逑 선생이 매우 경복敬服하여 말하 기를, '류모는 심성을 논할 만하다.'고 하였고, 식암息庵 황지黃暹 공은 그를 추천하여 말하기를, '그 곧음이 화살과 같다'고 하였 으며, 표은瓢隱 김시온金是榲 공도 역시 '그 덕행과 학식이 사라져 서 전함이 없어서는 안 된다.'고 하였으니, 그 존중됨이 이와 같 았다."라고 기술하였다. 이렇듯 류복기는 학당을 마련하여 강학 할 수 있는 주요 매개체로 삼았다. 자신의 수학뿐만이 아니라, 가

기양서당岐陽書堂

학의 전승과 문중의 후속세대 양성을 위해 노력했던 것이다.

류복기는 어릴 적부터 외가, 특히 외숙의 남다른 가르침을 몸소 받았기에 자연스럽게 퇴계학맥을 계승할 수밖에 없었다. 그리고 훗날 이를 기반으로 대대로 퇴계학맥의 학봉계열에 연원을 두게 되었다. 류복기는 영주, 예안 등지에 있던 선영을 수습하는 등 선조들의 위업을 선양하였으며, 후손들을 교육시키기 위해 다양한 프로젝트를 기획하고 이를 실행에 옮겼다. 특히 1615년에 후손들의 학문을 진작시키기 위한 강학공간으로 기양서당을 건립하여 인재를 양성하는 데 심혈을 기울였다. 훗날 1780년에 후손들은 강학공간이었던 기양서당을 존모의 공간인 기양리사岐陽里社로 변경하여 이곳에서 류복기를 제향하기도 했다.

류복기는 맏아들 도헌陶軒 류우잠柳友潛(1578-1635)을 비롯하여 류득잠柳得潛(1578-1652), 류지잠柳知潛(1583-1653), 류수잠柳守潛(1585-1662), 류의잠柳宜潛(1588-1644), 류희잠柳希潛(1596-1671) 등

『영가지永嘉誌』

모두 여섯 아들을 낳았다. 특히 여섯 아들 가운데 도헌의 종파가
가장 번성하게 된다. 도헌은 비록 환로에 나아가지는 않았지만
임란 당시 창의에 적극 참여하였고, 숙부 류복립이 제2차 진주성
전투에서 전사하자 직접 진주로 가서 제사를 지내는 등 집안의
장손으로서의 역할을 충분히 실천했다. 이뿐만이 아니다. 그는
『영가지永嘉誌』의 편찬에도 적극 참여했다.

　『영가지』는 1608년에 권기權紀·김득연金得研·권오權晤·이
혁李爀·배득인裵得仁·이적李適·이의준李義遵·권극명權克明·
김근金近·손완孫浣 등 10여 명과 함께 안동의 부청府廳에 모여 완
성을 보게 되었다.

　이렇듯 류복기와 류우잠은 비록 환로에 나아가지는 않았지
만, 양대에 걸친 활동은 문중에 지대한 영향을 끼쳤다. 임란 창의

〈기도유업岐陶遺業〉 현판

와 향중 활동과 문중 사업은 전주류씨 수곡파가 향중에서의 위상을 굳건히 정립하는 데 중요한 역할을 했을 뿐만 아니라, 마침내 수곡파가 문중으로서 기반을 형성하게 되었는데도 기여했다. 지금도 전주류씨 무실종택의 사랑채에 게판되어 있는 큰 글씨의 '기도유업岐陶遺業'은 아버지 기봉岐峰과 그의 아들 도헌陶軒이 남긴 유업이라는 뜻으로 후손들에게 시사하는 바가 크다고 할 수 있다.

전주류씨 수곡파의 입향조인 류성이 수곡에 입향한 지 약 50여 년의 짧은 시기 동안 다사다난한 일들이 집안에서 일어났다. 물론 입향 초기부터 좋은 배경 속에서 안동을 비롯하여 인근지역에 이르기까지 집안의 기반을 다질 수는 있었지만, 류성과 그 아내의 조졸, 그리고 출계한 류복립의 전사 등은 맏아들 류복기 자신의 어깨에 지워진 힘든 짐이 아닐 수 없었다. 그래서 가문의 기반을 다지고 자식들을 훈육하기 위한 방안을 다각도로 모색했던 것이다.

2. 가학家學을 이은 지식의 향연

　　조선시대의 사회구조는 씨족공동체의 삶 속에서 각 공동체
마다 나름대로 독특한 가풍을 계승하며 수백 년 동안 가문을 형
성해왔다. 특정 지역에서 가문의 고유한 특성을 지니며 향중에
서 문중의 위상을 유지했던 명가는 문중내 구성원들의 남다른 노
력이 있었다. 특히 유교를 국시로 삼았던 조선조에 안동은 퇴계
학이 새로운 학적 정점을 이루게 되었고, 퇴계의 문인들이 독특
한 학문적 색깔을 갖고 문중이나 학단學團을 형성하며 발전을 거
듭하였다.

　　그래서 조선조에 안동만큼 독특한 문중을 형성한 지역도 그
리 흔치 않을 것이다. 특히 1735년 4월에 시행된 증광문과시增廣

文科試에 주목할 필요가 있다. 이 대과에서 안동에 거주하던 다섯 선비가 동시에 급제하는 이변이 있었다. 급제한 이들은 내앞의 의성김씨, 수곡의 전주류씨, 그리고 소호의 한산이씨 문중이었다. 이렇듯 특정 학단과 지역, 그리고 문중에서 동시에 급제자가 발생하자, 이에 영조英祖 임금은 이들을 축하하기 위해 한시 한 수를 내렸다.

화산의 풍우로 다섯 마리 용이 날았으니	花山風雨五龍飛
절세가인인들 세상 경사에 드문 일이로세.	絶代佳人世瑞稀
다시 봄 되니 두 버들이 선리와 노닐고	春回二柳交仙李
쌍금이 가중되었으니 자위를 움직였도다.	加重雙金動紫闈

한시에서 영조가 언급한 '화산花山의 오룡五龍'은 바로 제산霽山 김성탁金聖鐸(1684-1747)을 비롯하여 양파陽坡 류관현柳觀鉉(1692-1764)·학음鶴陰 김경필金景泌(1701-1748)·삼산三山 류정원柳正源(1702-1761) 등과 제산보다 27살 연하였던 대산大山 이상정李象靖(1711-1781)을 가리킨다. 여기서 좀 더 흥미로운 구절은 3구와 4구에 있다. '두 버들二柳'은 양파와 삼산을 의미하며, 이씨 성을 가진 걸출한 인물이라는 뜻의 '선리仙李'는 바로 대산을 의미한다. 그리고 '쌍금雙金'은 쌍남금雙南金의 준말이며 보통의 금보다 두 배의 가치가 있는 남쪽 지방의 금을 말하는데, 여기서는 제

산과 학음을 의미한다.

제산은 어려서 아버지 적암適庵 김태중金台重에게 수학하였고, 밀암密庵 이재李栽와 갈암의 문하에서 수학하여 52세(1735)의 늦은 나이에 증광문과에 급제하였다. 그는 1737년에 갈암의 신원伸冤 회복을 바라는 상소를 올렸다가 정의旌義(제주도)에 유배되었고, 광양으로 이배되어 배소에서 하세하였다. 그는 후대에 갈암−김성탁−이상정−류치명柳致明으로 이어지는 퇴계학맥을 이었다고 평가받는다. 양파는 형 류승현의 문하에서 수학하였고, 34세에 증광문과에 급제하였다.

학음鶴陰 김경필金景泌(1701−1748)은 35세에 급제하였다. 삼산三山 류정원柳正源(1702−1761)은 28세(1729)에 생원시에 합격하고, 33세(1734)에 동당시東堂試에 대책對策으로 수석한 후에 그 이듬해 34세에 증광문과에 을과로 급제하였다. 그는 내외직을 두루 역임하였지만, 특히 세자시강원에서도 큰 몫을 했다. 영조가 세자의 스승을 찾자 원인손元仁孫, 채제공蔡濟恭 등의 명신들은 입을 모아 "임금의 학문을 보필하고 세자의 학문을 도울 사람은 당대에 류정원柳正源을 앞설 사람이 없습니다."라고 했다. 세자시강원이 된 그는 성심성의를 다하여 왕의 자문에 응하고 세자의 강학을 도왔다. 최연소자였던 대산은 25세에 급제하였다. 향후 이들은 무실 전주류문과 특별한 인연을 맺으며 후손들까지 세의를 다졌다.

전주류문이 무실에 입향한 이후로 그들이 문중의 굳건한 기반을 다지고, 수백 년 동안 그 위상을 지탱할 수 있었던 근저는 무엇일까? 그것은 바로 각 시대마다 문중의 종장을 자임했던 이들에 의해 치밀하게 기획된 지식의 재생산에서 찾을 수 있을 것이다. 그들은 문중 내 가학을 통하여 글이 늘 끊어지지 않았다. 그래서 문자를 통해 자신들의 입장을 대변하기도 했으며 대대로 다양한 결과물을 생산하였다. 지금은 비록 임하호의 깊은 물 속에 잠겨 그야말로 수곡이 되어버렸지만, 지난날 대대로 이곳에 거주하며 전주류씨 가풍을 이었던 지식의 향연은 그저 천부적으로 타고난 인재가 있었기에 그렇게 할 수 있었던 것이 아니었다. 다시 말해 한 시대의 천재적 인물은 당대에 그 문중을 부흥시킬 수는 있지만, 대를 이어가며 지식이나 문자로 문중을 대변하거나 가풍을 진작시킬 수는 없는 것이다.

무실에 살았던 전주류문의 가학 계승과 학문의 결과물은 우리나라 어떤 동성도 비할 수 없을 정도로 질량質量에 있어서 풍부하다. 무실에 입향한 16세기부터 근세 19세기 말엽까지 전주류씨 수곡파는 문·무과에 급제한 이가 10명, 생원과 진사가 33명, 음직과 증직이 약 60여 명에 이른다. 또한 개인 문집文集을 비롯하여 단행본을 남긴 이가 70여 명이나 된다. 이렇게 남긴 저서의 수가 총 151종 900여 책에 이른다. 물론 개량적 수치이긴 하지만 그 수적인 면에 있어서 어디에도 비할 수 없을 정도로 월등한 편이다.

퇴계학과 대산학의 학적 정립을 위한 노력들

지난 수백 년 동안 전주류씨 문중의 학풍을 이었던 가장 중요한 중심축은 크게 두 가지로 나누어 볼 수 있다. 하나는 퇴계를 정점으로 하는 호학湖學[大山學]의 학적 정립과 관련 저술이다. 또 다른 하나는 예학禮學을 가학의 중요한 범주로 설정하고, 각 세대마다 선대의 유업을 계승하여 다양한 성격의 예서禮書를 편찬하였다는 점이다. 그렇다면 우선 그들이 왜 이토록 퇴계학을 정점으로 하는 호학에 집착하였는지, 그 흔적을 찾아보기 위해 당시 간행되었던 결과물과 19C 후반에 사도師道를 자임하며 큰 족적을 남겼던 정재의 행보에 관심을 가져볼 필요가 있다.

다시 말해 대산은 퇴계학을, 정재는 퇴계학을 바탕으로 대산학을 정립하기 위한 근거를 마련한 셈이다. 좀 더 구체적으로 살펴보면, 무실의 전주류문에서는 가학+이현일, 갈암 사후에는 가학+이상정, 대산 사후에는 가학+정재, 정재 사후에는 가학+김흥락 등으로 학문을 수수하였다. 무실에 입향한 전주류문은 대대로 유년기에 공통적으로 가학을 통하여 문자를 익혔던 것이다.

이들은 학단의 학적 정립을 급선무로 삼아 퇴계를 위시하여 대산이 남긴 문자를 유형별로 정리하는 프로젝트를 꾸준히 진행

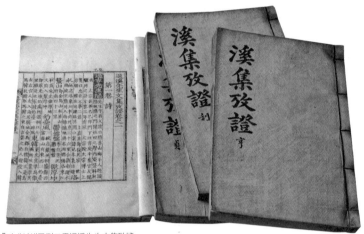

『퇴계선생문집고증退溪先生文集攷證』

해 왔다. 그리고 이러한 작업을 통하여 학단을 더욱더 공고히 할
수 있는 학문적 기반을 조성하였다. 이는 후학들이 좀 더 쉽게 가
학을 이을 수 있게 하는 데 목적이 있었다. 이러한 기획의 일선에
선 이는 바로 문하에서 수학한 문인이다. 특히 수곡의 전주류씨
들은 이런 작업에 적극적으로 개입하여 다양한 저술을 남겼다.
그 노력의 결과물을 일별해 보기로 하자.

노애蘆厓 류도원柳道源(1721－1791)이 중간본 『퇴계선생문집』
에 주석을 부기하여 편찬한 『퇴계선생문집고증退溪先生文集攷證』
이 있다.

이 책에 수록되어 있는 노애의 범례를 보면, 퇴계의 문집에 대한 주석 작업은 이미 두 차례에 걸쳐 이루어졌다. 목재木齋 홍여하洪汝河(1620-1674)가 퇴계 문집에 수록되어 있는 시문詩文에 주석을 부기한 것과 노애와 대산의 문하에서 함께 수학했던 난곡蘭谷 김강한金江漢(1719-1779)이 퇴계 문집의 간찰에 대해 주석을 부기한 것이 있었다. 이를 근거로 하여 노애는 퇴계 문집의 전편에 대해 주석 작업을 진행하였으나, 결국 간행에 이르지는 못했다. 훗날 노애의 아들 류범휴가 묵헌默軒 이만운李萬運(1736-1820)에게 서문을 청탁하여 간행을 준비하였으나, 그 역시 완성을 보지 못했다. 1891년에 류건호柳建鎬(1826-1903)가 8권 4책의 목판본으로 간행하였다. 1788년에 쓴 류도원의 발문跋文이 있으며, 말미에는 서산西山 김흥락金興洛(1826-1899)의 지識가 있다.

다음은 동암東巖 류장원柳長源(1724-1796)의 『계훈유편溪訓類編』과 『호서유편湖書類編』이 있다. 물론 현재 실전되어 전하지는 않지만, 두 저술은 퇴계와 대산의 가르침을 정리한 것으로 추측해 볼 수 있다. 소은素隱 류병문柳炳文(1766-1826)이 편찬한 『호서요훈湖書要訓』도 이러한 성격의 저술이라고 할 수 있다. 동암은 대산의 문인으로서 호학의 진작에 큰 역할을 했을 뿐만 아니라, 당시 문중의 스승으로서 후손들을 강학하는 데도 큰 족적을 남겼다. 그는 평생 동안 이런 저술뿐만 아니라, 『사서찬주증보四書纂註增補』, 『사서소주고의四書小註考疑』, 『학용의의學庸疑義』, 『근사록석의변近思錄釋義辨』, 『의례고견疑禮瞽見』, 『상변통고常變通攷』등 여

『계호학적溪湖學的』

其積要之語條分類別畧做近思錄編第九十四卷名之曰溪
湖學的凡學者所以求端用力修己治人關邪說明正宗者靡不
備載規模大布節目詳體用該而本末學者誠能如兩大子
之訓主敬以盡其求窮理四數其知而反新以踐其實靜得而動察
不及之差者其將有待於是編矣其所以淡美評斯道則雖後學如
燭幽之鑑指南之車而其心念業世之徒孝以詔後裔無或武規
窮真所謂不及上達交其用力久之梳膝理菴體立用行而無義無倫徜
重分慎約思序初學好徑敢達之心然降天知員杉此汎編者實
精微廣博所有之次所以用力者无術焉序而易入矣公覬段是書
爛然有先後之次可附以開架而讀其大全蓋見其網条

柱巾衍公卽撝若欽以致縞甞任未於門下賁為文以弁其卷額
致縞晩生幃隨何敢妄有諭述且取僭越之罪周辭之而若欽
之請愈懇且念平日複侍無間與聞次輯之意遂不揆濫猥
謹書之如右歲丁巳閏五月二十五日克山柳致縞謹序

러 학문 영역을 넘나들면서 저술 작업에 정진하였다.

다음은 대야大埜 류건휴柳健休(1768-1838)가 편찬한 『계호학적溪湖學的』이 있다. 『계호학적』은 퇴계와 대산의 저술 중에 중요한 구절을 발췌하여 『근사록』의 체제에 따라 14권 2책으로 편집한 것으로, 현재 필사본으로만 전하고 있다.

서명에서 말하는 '학적學的'은 이 책의 서문을 지은 류치호가 "배우는 이들이 노력하여 목표점에 이르기를 구하는 것이 마치 활을 쏘는 사람이 반드시 과녁에 적중하기를 기약하는 것과 같다."라고 했던 것처럼, 퇴계와 대산이 남긴 문자 가운데 과녁과 같이 중요한 선집이라는 말이다. 다시 말해 퇴계의 학문이 대대로 계승되어 대산에게 이어져 대산학이 퇴계학의 적통이며, 두 학자가 남긴 문자가 학문하는 이의 중요한 요체가 됨을 드러낸 것이다.

이후 정재는 『주절휘요朱節彙要』나 『대산선생실기大山先生實紀』 등을 통해 퇴계와 대산의 학문적 계승과 정통성을 부각시켰고, 만산萬山 류치엄柳致儼(1810-1876)은 『계훈집요溪訓輯要』와 『호학집성湖學輯成』을 편찬함으로써 퇴호退湖의 학문을 정립하는 데 정점을 이룬다.

그는 정재의 문인으로 대산의 실기를 편집할 때 함께 참여하였고, 1849년에 정재가 지도로 유배 갔을 때에도 곁에서 호종하였다. 그리고 정재 사후에 정재의 문집을 간행할 때도 세 차례에

『호학집성湖學輯成』

湖學輯成序

娣弟柳致儼操外曾王考大山李先生所與知舊
門人往復書牘曁夫雜著若質紀傲近思篇目嘗爲
八卷而題其面曰湖學輯成以先生居嶺之永嘉稧
湖里大倡斯學爲世宗師也嘗驥易其福久已與聞
次輯之意藏乙卯致明責湖南之智島數月而致儼
鳩其書以從我相與讀一過閒亦僭有丁乙因以窺
宗廟百官之盛盡在其中然後知是書之不可己也
蓋其全書固已家傳户誦然如其入海觀龍未易得
其靈珠而今是書絜其樞要闡其旨歸一擧目而綱

걸쳐 필사하여 완성하기도 했다. 『계훈집요』와 『호학집성』은 두 선생이 문집에 남긴 문자가 후학들이 공부하기에 너무 양이 많아 『근사록』의 체제에 따라 정리하여 편찬하게 된 것이다. 특히 『호학집성』은 만산이 개인적으로 편찬한 단독 저서이지만, 1849년에 정재가 지도의 배소에 있을 때 호종하며 함께 교정하기도 했다.

예禮는 류씨 가문의 장물長物

이상에서 살펴본 바와 같이, 수곡의 전주류문에서는 입향한 이래로 퇴계와 대산의 학문을 정립하고, 학맥의 정통성을 담보하기 위해 노애蘆厓의 『퇴계문집고증退溪文集攷證』, 동암東巖의 『계훈유편溪訓類編』과 『호서유편湖書類編』, 대야大埜의 『계호학적溪湖學的』, 만산萬山의 『계훈집요溪訓輯要』와 『호학집성湖學輯成』 등이 각 시대마다 가학의 종장이 되는 인물을 중심으로 꾸준히 편찬되었다. 이러한 퇴계와 대산의 학적 정립뿐만 아니라, 가학을 통해 예학 관련 저술도 꾸준히 편찬되었다.

예는 상세함을 싫어하지 않으니, 상세하면 갖추어지고, 갖추어지면 상고하여 근거로 삼기에 편리하다. 예는 또 간략함을 귀하게 여기니, 간략하면 요약되고, 요약되면 잡아 지키기 쉽다. 상세한 것을 가지고 가늠해 본다면, 『상변통고』의 갖추어진 것만 한 것이 없고, 간략함을 지키고자 하면 이 책의 요약된 것만한 것이 없다. 아름답도다, 예가 류씨 집안의 넉넉한 물건[長物]이 됨이여!

—『가례집해家禮輯解』, 「가례집해발家禮輯解跋」

『가례집해』가 한창 작업이 진행될 무렵에 심재深齋 조긍섭曹兢燮(1873–1933)이 『가례집해』의 발문跋文을 지었는데, 그 일부분이다. 『가례집해』는 정재가 집필하고 있던 예서로서 그가 60세가 되던 1836년 3월에 완성하게 된다. 이 책의 간행에 앞서 류연귀柳淵龜(1861–1938)는 심재에게 교정을 부탁하였고 아울러 발문까지 짓게 되었다. 발문에서 주목할 만한 대목은 바로 "예가 류씨 집안의 넉넉한 물건[長物]이 됨이여!"라고 하는 부분이다. 여기서 '장물長物'은 진晉나라 왕공王恭과 그의 숙부 왕침王忱의 고사에서 인용한 전고인데, 두 개 이상의 여유 있는 물건, 곧 뛰어난 특장을 말한다.

심재가 언급한 바와 같이, 당시 지식인들 사이에 무실의 전주류문이 이미 예설禮說에 정통한 가문이라는 것은 널리 알려져 있었다. 사림에서 이렇게 여기고 인정한 것은 전주류문이 무실에 정착한 이래로 지난 수백 년 동안 마치 각 세대마다 기획된 하나의 프로젝트처럼 다양한 예서를 대대로 편찬하였기 때문이다. 그런데 이들이 집필한 예서는 송나라 주자의 『가례家禮』를 항목

별로 그대로 수용하여 고증하기보다는 고금에 논란이나 시비가 되었던 부분에 좀 더 주목하였다. 우선 이러한 무실 전주류문의 예학적 견지는 류희잠柳希潛(1596－1671)의 둘째 아들인 괴애乖崖 류지柳榰(1626－1701)가 편찬한 「방례변증邦禮辨證」에서 시작된다.

괴애의 「방례변증」은 1659년 5월 4일에 효종孝宗이 승하하자, 인조의 계비인 자의대비가 1년복一年服[朞年說]의 상복을 입어야 할지, 아니면 3년복三年服[三年說]을 입어야 할지를 두고 벌인 예송논쟁과 깊은 관련이 있다. 효종이 승하한 다음날(5월 5일), 예조에서 현종顯宗에게 상복을 무엇으로 입어야 할지에 대해서 아뢰자, 현종은 우암 송시열宋時烈(1607－1689)과 동춘당 송준길宋浚吉(1606－1672)에게 자문할 것을 지시하였다. 이 두 사람을 비롯하여 서인에서는 '사종지설四種之說'과 '고례古禮'에 의거하여 일년복을, 백호 윤휴尹鑴를 비롯한 남인에서는 3년복을 주장하였다. 당시 괴애는 예조좌랑禮曹佐郎으로 재임하고 있었다. 그는 높은 관직이 아닌 하료下僚에 있었기 때문에 자신의 주장을 적극적으로 내세울 수 있는 입장이 아니었다. 그래서 『의례儀禮』에 있는 각 장의 주석註釋과 『춘추春秋』 등을 고려하여 1년복의 부당함을 지적하고, 일곱 가지 조목으로 나누고 「방례변증邦禮辨證」을 지어 이를 변증하였다. 이에 대한 내용은 그의 문집 『괴애집乖厓集』에 수록되어 있다.

다음으로 괴애의 아들 몽천蒙泉 류경휘柳慶輝(1652－1708)가 편찬한 『가례집설家禮輯說』이 있다. 그는 24세(1675)에 생원시에 합격하고 57세(1708)에 하세하였다. 평소 재산을 별도로 저축하여 주위의 어려운 이웃과 문중원들을 앞장서서 구휼하였기에 사람들이 그를 '의고義庫'라고 할 정도였다. 그는 평생 동안 『가례집설家禮輯說』을 비롯하여 「칠보산유기七寶山遊記」, 「낙산사유기洛山寺遊記」, 「북행록北行錄」 등의 유기와 「논이두음율기論李杜音律記」, 「제존재선생문祭存齋先生文」 등의 글을 남겼다.

『가례집설』은 총 10권 3책으로 구성되어 있다. 이 중 관례와 혼례는 1권에 반 책 정도이지만, 상례와 제례는 9권에 2책 반으로 편차를 구성하였다. 현재 내용만 전하고 간행 정보를 파악할 수 있는 서문이나 발문은 없다. 전체적인 편차를 살펴보면, 1권은 통례·관례·혼례, 2권에서 5권까지는 상례, 6권은 제례로 구성되어 있다. 『가례집설』은 자신의 예설을 적극적으로 개진하기보다는 『가례』를 이해하고 보완하는 입장에서 집필하였다.

다음은 노애蘆厓 류도원柳道源(1721-1791)이 편찬한 『사례편고四禮便考』가 있다. 노애는 박곡파朴谷派의 파조派祖가 되는 류봉시柳奉時의 손자이다. 그는 양파陽坡 류관현柳觀鉉(1692-1764)의 둘째 아들로 태어났으나, 양파의 백씨인 용와慵窩 류승현柳升鉉(1680-1746)에게 입계入系하여 박곡파의 대를 이었다. 그가 평생 동안 남긴 문자를 모아 『노애집蘆厓集』 10권 5책이 목판으로 간행되었다. 『노애집』 부록편에 있는 류장원이 지은 「행장行狀」을 보면, 그가

『계집고증溪集攷證』10권,『사례편고四禮便考』2책,「일성록日省錄」
1편,『동헌집록東獻輯錄』2책을 지었다는 기록이 있다. 이 가운데
『사례편고』과『동헌집록』은 현재 남아 있지 않다.『사례편고』는
원본이 전해지지 않아 예서로서의 내용을 정확하게 파악할 수는
없다. 하지만 서명으로 봐서 기존 예서에서 쉽게 보았던『가례』
의 편차에서는 벗어나지 않았나 짐작해 볼 수 있다.

다음으로 동암 류장원이 편찬한『상변통고常變通攷』30권 16
책이 있다. 그는 유년기에 아버지 류관현에게 공부하였고, 이어
서 구사당九思堂 김낙행金樂行(1708-1766)과 대산의 문하에서 수학

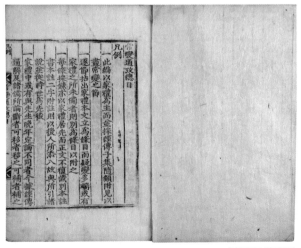

『상변통고常變通攷』

하였다. 대산의 문하에서 수학하면서 만난 이종수李宗洙 · 김종덕金宗德 · 조술도趙述道 · 김진동金鎭東 · 남한조南漢朝 · 이완李埦 · 김도행金道行 등과 평생 동안 학문을 같이 했다. 특히 이들 가운데 그는 호문湖門의 대유大儒로서 김종덕 · 이종수와 함께 '호문삼노湖門三老'라 칭해졌고, 문중의 지식 전달 체계에서도 중추적인 역할을 하였다. 그의 학문은 류건휴柳健休에게 계승되었고, 정재 역시 동암이 하세하기 전이었던 20세(1796)까지 그의 문하에서 수학하였다.

조선이 개국한 이래로 각 시대마다 많은 예설이 초당적超黨的으로 논의되어 다양한 성격의 예서가 꾸준히 편찬되었다. 18C에 이르자, 조선조 예학의 전범이 되었던 주자의 『가례』 역시 더욱더 논의가 정밀해지고, 특히 예설의 영역도 확대되는 조짐을 보였다. 이런 현상의 전형이 바로 『상변통고』인데, 이 책은 전체 분량이나 편제에 있어서 매우 정밀하고 방대한 내용의 예서로 당시에 이미 평가받았다. 동암은 60세(1783)에 초고본 22권을 완성하였다. 『정재선생문집』의 「연보」에, "지난 10년 동안 대야大埜 · 호고好古 · 수정壽靜 등이 대교對校하였다."라는 기록이 있는 것으로 봐서 완성된 초고본은 이미 문인들과 종원들에 의해 수차례 교정을 거듭했음을 알 수 있다.

정재는 1830년(54세) 5월에 발문을 지었고, 황산사에서 간행할 때 참여하였다.

이미 선생이 돌아가시게 되자, 학자들이 "『상변통고』한 책은 실제로 집안의 일상에서 사용하는 상례常禮이기 때문에 더이상 늦출 수 없다."라고 하여, 각수刻手에게 맡겨서 판각을 의논하였다. 일반적인 관혼상제冠昏喪祭로부터 향학鄉學과 국휼國恤에 이르기까지 모두 그 절목을 표시하여 예설을 붙였다. 그 내용들은 상례常禮와 변례變禮를 다 모아 인정과 예문禮文에 맞게 했고, 예수禮數를 이미 진술한 데다 그 의리 또한 드러나 있다. 비록 궁벽한 마을에 견문이 부족한 이도 이 책을 보면 손바닥을 가리키듯이 스스로 예를 이루지 못할 근심이 없게 했다.

선생의 종자從子인 호곡공壺谷公이 선생의 문인인 류건휴柳健休와 류휘문柳徽文에게 부탁하여 교정을 보게 했다. 물론 또한 그 사이에도 삭제하고 보충한 적이 있지만, 선생의 본래 뜻을 잃지 않게 하는 것을 중요하게 생각했다. 종손從孫인 정문鼎文과 치명致明도 참석하여 들은 바 있었다. 그러다가 또 나의 외숙外叔[內舅] 이병원李秉遠에게 대조 교감하게 한 지 10년 만에 겨우 완성하게 되었다. 그런데 구본舊本의 글자가 작아서 보기가 어려워 글자를 크게 해서 모두 30권으로 만드니, 총목總目과 아울러 모두 16책이다. …(중략)…

이 책은 『가례』를 위주로 하고 『의례경전통해』의 형식을 살펴, 백가百家의 서적을 통틀어 예나 지금이나 편리함의 정도가 다르다는 것을 알고 있다. 그래서 겉으로 드러난 득실에 따라 참고하고 절충한 것이 대부분 그 근거가 있다. 고금의 예가禮家들의 단례斷例라고 해도 될 것이다. 그 가운데 기록이 번거로운 것이 있으나, 모두 가볍게 버리거나 취하지 않은 것은 또한 선생께서 더욱 신중하고 어렵게 여기셨기 때문이다. 그 귀취歸趣를 자세히 살펴보면, 그 뜻의 대략을 알 수 있을 것이다. 치명致明은 늦게 태어나 촛불을 잡고 선생을 모시며 붓을 들고 연구한 날이 이미 오래되었다. 가만히 생각해 보면, 다행히 제현諸賢들의 뒤를 따라 이 책이 만들어져 널리 전할 수 있게 된 것을 기쁘게 생각한다. 이제 일을 마치면서 그 전말顚末을 대략 기록하여 후세 사람들에게 선생의 훌륭한 뜻을 알게 하고자 한다.

—『상변통고』, 「상변통고발문常變通攷跋文」

『상변통고』는 방대한 분량의 예서로써 애초에 동암이 완성한 초고본부터 책판으로 간행될 때까지 엄청난 인력과 물력이 투입된 역작이라 할 수 있다. 심재深齋 조긍섭曺兢燮 역시 "『상변통고』는 동암이 하세한 후, 수십 년 동안 정재定齋와 소암所庵 이병원李秉遠, 대야 류건휴柳健休, 호고와好古窩 등 여러 사람들이 힘을 합쳐 정리함으로써 완본을 성취하였기 때문에 그 정밀하고 엄정함은 후세에 이론이 없다."라고 하면서 이 예서의 편찬 간행에 기울인 정밀한 공력을 높이 평가한 적이 있다.

어쩌면 『상변통고』는 기존에 무실의 전주류문에서 연구된 다양한 예설과 예서의 편찬 경험을 바탕으로, 수 년 동안 대를 이어 문중의 역량을 결집한 결과물이라고 할 수 있다. 『상변통고』의 완성을 본 무실의 전주류문은 그 이후에도 선대가 간과하거나 관심을 갖지 못했던 예학 분야를 연구하는 작업을 꾸준히 진행하였다. 『상변통고』의 교정에 참여했던 류건휴, 류휘문, 류치명 등이 이러한 작업을 이어 갔다.

먼저 1821년에 대야 류건휴가 편찬한 「상례비요의의喪禮備要疑義」가 있다. 그는 1785년에 『상변통고』를 편찬한 동암의 문하에 나아가 수학하였는데, 이미 젊어서부터 예학을 비롯하여 수리 · 복서 · 지리 등의 관련 서적을 공부하였다. 그리고 양명학, 불학, 노장학 등 이단의 학설 또한 깊이 공부하여 유학을 공부하는 선비의 입장에서 제자백가의 학설에서부터 순자 · 육왕 · 사장의 학설까지 두루 비판하며 『이학집변異學集辨』을 저술하였다.

특히 그는 『대야문집大埜文集』 권7에 수록되어 있는 「상례비요의의」에서 사계 김장생이 교정하여 증보한 『상례비요』를 비판하여 정밀하게 논변하였다. 『상례비요』는 초상初喪에서 장제葬祭까지 각 단계별 의식을 편찬한 예서이다. 본래 사계의 친구인 신의경申義慶(1557-1648)이 편찬한 것인데, 1620년에 사계가 가독성을 높이고 독자들에게 편리를 제공하기 위해 여러 대목을 증보하고, 아울러 시속의 예제도 참고로 부기하였다. 대야는 사계의 『상례비요』에서 의심스러운 부분을 50여 조목으로 나누었으며, 퇴계와 우복 등의 예설과 자신의 견해를 바탕으로 사계의 예설을 날카롭게 비판하였다.

다음은 호고와 류휘문(1773-1832)이 40세(1812)에 편찬한 『가례고정家禮攷訂』 2권 1책과 55세(1827)에 편찬한 『관복고증冠服攷證』이 있다. 그는 평생 동안 『주역경전통편周易經傳通編』, 『계몽익요啓蒙翼要』, 『계몽고의啓蒙攷疑』, 『전의여론傳疑餘論』, 『창랑문답滄浪問答』, 『소학장구小學章句』, 『소학동자문小學童子問』, 『염락풍아보유濂洛風雅補遺』 등 많은 저서를 남겼다. 그의 조부는 류정원이고, 아버지는 류만휴이며, 어머니는 의성김씨 김현동金顯東의 따님이다. 그는 어려서 중부仲父인 류명휴柳明休에게 수학하였고, 22살에 동암 류장원의 문하에서 경서를 비롯한 『성학십도聖學十圖』 등을 익혔다. 그리고 30대에는 남한조, 입재立齋 정종로鄭宗魯 등에게 나아가 성리학 관련 학문을 질정하고 강론하며 학문의 외연을 확장하기도 했다. 또한 49세에는 동암의 『상변통고』 교정에도 직접 참여하였다.

『가례고정』은 주자 『가례』의 일반적인 편차에 따라 통례, 관례, 혼례, 상례, 제례 등으로 구성되어 있다. 호고와는 「가례고정서家禮攷訂序」에서 이 책의 편찬 의도를 피력하였다. 우선 그는 고금의 예서를 두루 참조하여 현실의 상황에 맞게 수정 보완하고자

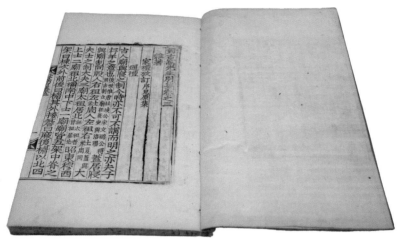

『가례고정家禮攷訂』

했다. 그의 「가례고정서」에 의하면, 송나라 때 여러 학자들의 예
설禮說을 사마씨司馬氏가 자세히 설명했고, 주자朱子는 이 예설을
근저로 하여 『가례』를 만들어 예학의 방향을 제시했다. 그러나
이 예서는 전체적인 편차에서 상례喪禮와 제례祭禮에 너무 많은
부분을 할애했고, 훗날 통용된 『가례』에서도 제대로 확정되지 못
한 부분이 많았다. 그래서 양신재楊信齋가 『가례부주家禮附註』에서
의례儀禮를 바로잡고, 경산瓊山 구준丘濬(1421－1495)이 『가례의절家
禮儀節』에서 기존의 논의가 소략하거나 내용이 거친 부분을 보완
하였다. 선배들의 이러한 보안에도 불구하고 예설이 중복되는 부

분이 많아 절충이 불가피한 측면이 적지 않았다. 그래서 중요하고 고정考訂이 필요한 부분은 경전에서 인용하고 주자의 정론定論에서 크게 벗어나지 않는 범위에서 『가례고정』을 완성하였다.

그리고 『관복고증冠服攷證』은 사대부의 관복冠服에 관한 역사적 흐름을 여러 경전經傳과 주소註疏를 인용해서 증거로 삼아 고찰한 예서이다. 그가 직접 지은 「관복고증서冠服考證序」에 의하면, 옛날의 성인들이 천지를 형상화하여 관복을 만든 이래로 주대周代에 그것을 정비하였으나, 진秦·한대漢代 이래로 옛날 제도가 사라졌고, 오호五胡 이후에는 오랑캐의 복장인 장복章服만을 착용하게 되었다고 한다. 사대부의 복장도 점점 변해서 호胡·원元을 지나면서 결국 사라져 전하지 않게 됨으로써 지금의 혼선도 그와 무관하지 않다고 보았다. 그는 관복의 중요성을 인식하고, 옛날 경전을 검토해 본 뒤, 관복冠服을 모르고는 의장衣章을 제대로 알 수 없다는 확신을 갖게 되었다. 그래서 복장에 관한 체계화를 도모할 목적으로 천자天子와 제후諸侯의 복장은 거론하지 않더라도 대부大夫와 사士가 길흉吉凶에 입는 복장은 추론할 필요가 있다고 생각하고, 여러 경전의 주소註疏를 살펴 『관복고증』을 저술하게 되었다.

다음은 정재 류치명이 편찬한 『예의총화禮疑叢話』와 『가례집해』가 있다. 『예의총화』는 예설에서 의심나는 부분을 고증한 것이다. 전체 구성은 『가례』의 목차에 따라 통례와 관혼상제의 순서로 차례를 삼아 총 120개 항목으로 구성되어 있다.

> 지난날 선사先師 동암 선생이 정밀히 다듬고 발휘하여 『상변
> 통고』를 지었는 데, 정밀하고 해박함을 두루 갖추어 더 이상
> 유감이 없게 하였다. 돌아보건데, 우선 『상변통고』를 이해하
> 려는 자는 책의 범위가 넓어서 찾는 데 어려움을 늘 한스럽게
> 여겼다. 내가 스스로 헤아리지 못하여 이에 경례經禮 가운데
> 증거로 삼을 수 있고 명물名物을 훈고訓詁한 것을 모아서 모두
> 본문의 아래에 주로 달았다. 부주附註에서 다른 조목에 잘못
> 들어간 것과 번잡하고 꼭 필요하지 않은 부분이 있으면, 그것
> 을 경우에 따라 다른 곳에 옮겨 붙이거나 없애버렸고, 사이사
> 이마다 나의 견해를 덧붙여 『가례집해』라고 하였다. 예에 뜻
> 을 둔 자가 있다면 진실로 이 책을 먼저 보고 미루어 『상변통
> 고』의 온전한 것을 다해 간다면, 기수器數의 진설과 정의精義
> 의 온축을 극진히 하여 행동함에 있어서 거의 주자의 본뜻에
> 어긋나지 않을 것이다.
>
> ─『가례집해』, 『가례집해서家禮輯解序』

정재 자신이 지은 『가례집해』 서문의 한 부분이다. 그는 『가
례집해』의 편찬 동기를, 『상변통고』가 너무 방대하여 독자가 책
에서 찾고자 하는 부분을 쉽게 찾아서 읽을 수 없는 단점을 지니

고 있기 때문이라 하였다. 그래서 우선 「가례집해」를 살펴본 후에 『상변통고』를 접하게 된다면, 주자 『가례』에 있는 본뜻에 어긋나지 않을 것이라고 했다.

다음은 근암近庵 류치덕柳致德(1823-1881)이 51세에 집필한 12책의 『전례고증典禮攷證』이 있다. 근암은 정재의 족제族弟이자 문인으로서 그의 「고종일기考終日記」와 「사문기문師門記聞」을 직접 기술하였다. 그는 평생 동안 학문 연구와 후학양성에 몰두하였고, 특히 백가서百家書에 두루 통달하여 청대의 고증학考證學을 비롯하여 신학문에도 깊은 관심을 보였다. 그는 예학에도 조예가 깊어 동암이 저술한 『상변통고』의 속집이라고 할 수 있는 『전례고증』을 편찬하였다. 그는 선대에 완성한 여러 예서들이 주로 가례家禮를 언급하는 데 그친 한계를 직시하고, 국조의 전례典禮에 대한 언급이 없음을 아쉽게 여겼다. 그리하여 역대 예지禮誌와 국조전헌國祖典憲 등 수백여 종의 책을 참조하여 이 책을 편찬하였다. 이 책은 통례通禮, 길례吉禮, 빈례賓禮, 군례軍禮, 흉례凶禮 등 오례五禮를 통합하여 집대성한 책이다.

3. 양파구려陽坡舊廬와 정재가定齋家

무실마을은 류윤선柳潤善의 아들 류성柳城이 영주에 살다가 임동의 내앞에 살던 김진의 사위가 되면서부터 19세기 말까지 약 400여 년 동안 수많은 당대 현인들이 출입했던 현장이며, 그 시대마다 갖가지 고민과 이해를 문자를 통해 기록으로 남겼던 유서 깊은 공간이다. 물론 근대화와 물질문명의 이기에 편승하지 않을 수 없었기 때문에 지금은 수곡水谷이 그야말로 아쉽게도 물고을이 되어버렸다.

정재는 전주류씨 수곡파의 입향조가 되는 류성柳城(1533-1560)이 영주에서 안동 수곡으로 입향한 지 약 200여 년이 지난 후에 태어났는데, 그는 수곡파 입향조로부터 11세손이 된다. 지난

200여 년 동안 류성의 세대를 지나 수곡파의 중흥조가 되는 류복기에 이르기까지 그들은 문중의 기반을 다지고 후손들이 이를 계승하도록 다양한 방안을 모색하였다. 이 가운데 가장 중요하게 여겼던 것이 바로 가학의 정립을 위한 혼맥 형성과 이를 통한 학맥을 형성하는 것이었다. 물론 당시 이러한 사회적 정서는 비단 전주류문의 수곡파에만 한정된 것은 아니었다.

류봉시柳奉時는 무실종가에서 분가하여 근처 위동에 터를 잡고 1674년에 삼가정을 건립했다. 가정은 슬하에 용와慵窩 류승현柳升鉉과 양파陽坡 류관현柳觀鉉 두 아들을 두었는데, 용와와 양파는 모두 문과에 급제하였다. 집 앞에 세 그루의 가죽나무를 심고 정자 이름을 '삼가정三檟亭'이라고 지었다. 삼가정은 1987년 임하댐 건설로 인하여 안동시 임동면 박곡리(박실)에서 지금의 구미시 해평면 일선리로 옮겼다. 용와는 박곡朴谷에 터를 잡아 박곡의 파조派祖가 되었고, 양파는 한들[大坪]에 터를 잡아 대평파의 파조가 되었다.

정재가의 직계 파조는 바로 한들에 터를 잡은 고조부 양파 류관현이다. 고조부 세대에 이르러, 종고조부 용와 류승현(1680-1746)과 고조부 양파 류관현(1692-1764) 형제가 함께 문과에 급제하는 겹경사를 맞게 되었다. 형 용와는 1719년(숙종 45)에 증광문과에서 병과로 급제하였고, 아우 양파 역시 1735년(영조 11)에 증광문과에서 급제하였다. 두 형제는 우애가 매우 깊었다. 일찍이

〈삼가정〉 전경

현판

아버지를 여의게 되자 아우 양파는 어릴 때부터 형 용와를 마치 아버지처럼 섬기며 그에게 학문을 배웠다. 1746년 용와가 풍기 군수가 되어 임지에 도착했을 때 흉년이 극심한 것을 보고 곧 상관에게 이에 대한 방책을 건의한 뒤, 돌아와서 임지에서 죽게 되었는데, 이후 양파는 관직을 버리고 더 이상 세상에 나아가지 않았다.

정재의 직계 고조부가 되는 양파는 주로 형 용와에게 학문을 수학하여 가학을 계승하였다고 할 수 있다. 그는 주로 내직에 재임하였다. 하지만 지방관으로 있을 때 그는 다산의 『목민심서牧民心書』에 수록될 정도로 선정을 베풀었다. 『목민심서』의 「율기律己」 6조 〈칙궁飭躬〉에 보면, "류관현은 성품이 검약儉約하였다. 그는 벼슬살이할 때 성대한 음식상을 받고는 '시골의 미꾸라지찜만 못하다.'고 하였으며, 기생의 노래를 듣고는, '논두렁의 농부 노래만도 못하다.'고 하였다. 그리고 〈낙시樂施〉에 보면, "경성판관鏡城判官으로 있을 적에 을해년(1755)의 기근을 당하여 지성으로 백성들을 돌보아 구제해서 온 경내가 이에 힘입어 모두 살아나게 되었다. 하루는 진휼賑恤을 감독하는 사람이 청하기를, '남도南道의 기근도 관북關北과 다를 것이 없습니다. 성주城主께서는 이미 녹봉으로 백성들을 살리셨으니 은덕이 친족에게 미쳐야 합니다. 이미 진휼청賑恤廳에서 약간 따로 저축해 놓은 것이 있으니 급히 보내도록 하십시오.'라고 하니, 공이 '녹봉도 백성들에게서 나온 것인데, 어찌 이것을 사재私財처럼 생각하고 먼저 가족을 돌보겠는가.' 라고 하며 끝내 허락하지 않았다."라고 한다.

그리고 그는 1735년에 시강원을 제수 받아 경연에서 생활하면서 겪은 다양한 경험과 궁중의 일상사를 기록한 일기 형식의 『춘방록春坊錄』을 남겼다. 이 책의 부록에 보면 「춘방독번시달사春坊獨番時達辭」와 「역도촬요易圖撮要」, 「문집 서문」, 「행장」, 그리고 「묘갈명」 등이 있다. 이 가운데 「역도촬요」는 그가 장헌세자[思悼世子]의 시강관侍講官이 되었을 때 어려운 도설圖說을 좀 더 쉽게 이해할 수 있게 다양한 서적을 참고하여 하도河圖·낙도洛圖·복희팔괘伏羲八卦·문왕팔괘文王八卦 등을 조목별로 도식화한 것이다.

이렇듯 그는 관직에 나아가서도 선정善政과 학문적 역량을 인정받았을 뿐만 아니라, 우천牛川 정옥鄭玉(1694-1760), 제산霽山 김성탁金聖鐸(1684-1747), 강좌江左 권만權萬(1688-1749), 청대淸臺 권상일權相一(1679-1759) 등 당시 명망있는 인물들과 교유하며 인적 관계망을 형성하기도 했다. 그는 이미 선대와 백씨 용와로부터 익힌 학문을 바탕으로 대평파조大坪派祖로서의 굳건한 기반을 다졌던 것이다.

양파는 범계范溪 류통원柳通源(1715-1778), 노애蘆厓 류도원柳道源(1721-1791), 동암東巖 류장원柳長源(1724-1796), 류환원柳還源 등 네 아들을 낳았다. 이들 형제 가운데 노애는 백부 류승현이 후사

『춘방록春坊錄』

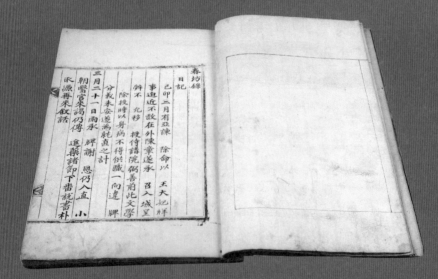

後嗣가 없자 박곡파조朴谷派祖의 대를 이었고, 동암은 류신적柳信迪에게 입후되었다. 류신적은 공공재空空齋 류정휘柳挺輝(1625-1695)의 현손玄孫이며, 공공재는 1651년에 별시문과에 을과로 급제한 인물이다. 노애는 아우 동암과 함께 대산 문하에서 수학하였다. 이른 나이에 진사시에 합격하였으나 더 이상 과거에 나아가지 않고 학문에만 전념하였다.

노애는 대산보다 열 살 연하이긴 하지만 대산 문하에서 수학하며 학맥을 형성하였다. 동암 역시 46세의 나이에 대산의 문하에 입문하여 약 10여 년 동안 수학하였는데, 훗날 '호문삼로湖門三老'의 한 인물이 되기도 했다. 특히 노애는 『퇴계선생문집』에 대해 주석註釋을 보태어 『퇴계선생문집고증退溪先生文集攷證』을 지었다. 그가 죽은 후, 1826년에 후손 류건호柳建鎬가 목판본 8권 4책으로 간행하였다. 제1권부터 제7권까지는 원집原集에 대한 주석이며, 제8권은 별집·외집·속집 등에 대한 주석으로 이루어져 있다.

류통원은 류성휴柳星休(1738-1819), 류천휴柳川休(1742-1796), 류구휴柳龜休 등 3형제를 두었으나, 둘째 류천휴는 류장원에게 출계하였다. 류성휴는 한평寒坪 류회문柳晦文(1758-1818), 류돈문柳暾文, 류위문柳暐文 등 3형제를 두었다. 류회문은 어려서 종조부 노애의 문하에서 수학하였고, 훗날 대산의 문인이 되었다. 그리고 대산의 아들인 이완李埦의 딸과 혼인하였으니, 대산의 손서孫壻가 되는 셈이다. 그에 대한 대산의 관심은 편지에 잘 드러나 있다.

여러 차례 안부를 물어 왔는데 한 번도 답장을 못하였으니, 비록 병고를 핑계 삼더라도 너무 신경 쓰지 못한 것이네. 늦더위가 매우 심한데 조부모님을 모시고 있는 기거가 편안한가? 나는 병약함이 전혀 차도가 없는데 마침 소모小母의 상을 당하였네. 60년간의 은공과 정리가 일반적이지 않았으니 비통함을 견딜 수 없네. 지난번에 사직 상소를 올렸는데 기다렸다가 올라오라는 비답을 또 받았으니, 은총은 더욱 높아지고 죄는 더욱 무거워지고 있네. 서늘해지기까지는 아직 멀었는데 아무것도 모르는 듯 잠자코 있을 수 없어 다시 글을 올려 간절한 사정을 호소하였는데, 만일 끝내 윤허하시지 않는다면 앞으로의 낭패는 말로 다 할 수 없을 것이니, 늘그막에 이러한 경우를 당할 줄 어찌 알았겠는가. 과거 공부에 진보가 있다고 하니 매우 위안이 되네. 다만 앞으로 무한히 헤아려 볼 일이 있을 것이니 또한 마음을 붙여 탐구하기를 바라네. 그리하여 이러한 뜻이 단절되지 않도록 하는 것이 좋겠네. 이렇게 생각하는지 모르겠네.

—『대산집大山集』권37,「답유엽여회문答柳燁如晦文」

소모小母의 죽음에 대한 슬픔, 사직하는 상소를 올렸으나 다시 상경하라는 비답批答이 내려져 또 사직소를 올렸는데 다시 허락되지 않을 경우의 난감한 상황 등을 전한 글이다. 그리고 말미에는 과거 공부에 진전이 있는 것을 기뻐하며 학문에 대한 관심과 힘써 노력하라는 권면의 말도 적었다. 류회문은 26세(1783)에 사마시에 합격하였고, 사도세자의 신원을 촉구하는 상소에 깊이 관여하기도 했다. 이렇듯 정재가는 정재의 고조부 양파 세대에 대평파를 형성하게 되었고, 이후 정재의 세대에 이르러 새로운 일가를 이루게 되었다.

제2장 정재의 삶과 학문세계

1. 정재의 실천적 삶과 사유세계

명가의 후손으로 태어나다

류치명柳致明은 자가 성백誠伯, 호가 정재定齋이다. 아버지는 한평寒坪 류회문柳晦文이며, 어머니는 정부인貞夫人 한산이씨韓山李氏로 대산의 손녀이다. 그는 1777년 10월 13일에 외가가 있는 안동 일직의 소호리에서 태어났다. 그가 태어날 무렵 외증조부 대산은 정언正言으로 관직에 있다가 그해 2월에 병으로 사직하고 고향인 소호리에 돌아와 있었다.

대산의 손녀는 해산을 위해 친정에 있었는데, 해산할 날이 훨씬 지났는 데도 출산할 기미를 보이지 않았다. 결국 어머니의 복중에서 13개월 만에 태어났다. 대산은 정재의 증조부였던 류통원柳通源(1715-1778)에게 편지를 보내 태어난 아이의 골상이 범상치 않다고 축하의 말을 전하고, 손수 외증손의 이름을 '치명致明'이라고 지어서 보냈다. 그 이듬해 2월에 본가가 있는 대평으로 돌아왔다.

이렇듯 정재는 태생부터 가문과 학문적 배경이 남달랐다. 전주류씨 수곡파가 무실에 입향한 지 약 200년 정도였지만, 태어날 무렵부터 친가와 외가는 이미 영남의 대표적인 가문의 반열에 올라 있었다. 수곡의 전주류문이 명가의 반열에 오를 수 있었던 것은 이미 입향 초기부터 선조들의 기획된 학맥과 혼맥에서 비롯된 결과라고 할 수 있다. 이는 가학의 계승을 통해 문중의 가업을 대대로 이어간 것으로 우리나라에서는 보기 드문 경우이다.

정재는 전주류씨 수곡파 가운데 소위 '대평파'이다. 양파 류관현이 대평파의 파조이며, 이후 류통원, 류성휴, 류회문 등이 대를 이었다. 정재의 〈연보年譜〉에 의하면, 그가 학문을 시작한 시기는 5세(1781) 무렵이다. 정재는 어릴 때부터 성품이 온화하고 근신하여 집안 어른들의 많은 사랑과 관심을 한몸에 받으며 자랐다.

특히 그의 이러한 성품 탓에 종증조부였던 동암東巖 류장원柳長源(1724-1796)은 동암정에서 후학을 양성하면서 정재를 늘 가까이에 두고 그의 행동을 엄하게 단속하였다. 당시 천사川沙 김종덕金宗德(1724-1797)이 정재를 지나치게 단속하는 동암을 보고 편지를 보낸 적이 있다. "이 아이의 자질이 원대하기를 기약할 수 있거늘, 지금 늘 이렇게 한다면 결국 기운이 막혀 뜻을 펼칠 수 없을 테니, 인도하고 기르는 적당한 방법이 아닐세."라고 하며, 동암의 지나친 관심과 사랑을 경계한 것이다. 사실 천사는 동암東嚴, 후산后山 이종수李宗洙(1722-1797)와 함께 대산의 문하에서 뛰어난 문인들이었던 '호문삼로湖門三老' 가운데 한 사람이었다. 특히 동암과 천사는 나이가 동갑이며, 같은 문하에서 수학한 동문으로서 각별한 사이였기에 이런 경계의 뜻을 보였던 것이다.

13세(1789)에 모친상을 당하게 되었다. 어린 나이에도 불구하고 누이를 돌보며 슬퍼하고 사모하는 것이 성인과 다름이 없었다. 종증조부였던 노애蘆厓 류도원柳道源이 그의 이러한 모습을 보고 불쌍히 여겨 데리고 와서 함께 자곤 했다. 매번 밤이 되면 그의 눈물이 이불을 적시는 것을 보고, "이 아이의 지극한 성품은 하늘에 뿌리를 둔 것이다."라고 감탄했다 한다.

17세(1793) 10월에 선산김씨善山金氏 김복구金復久의 따님과 결혼하였다. 그는 처남 정헌正軒 김익호金翼昊(1765-1750)와 처종제 일재一齋 김성호金性昊(1777-1845)와 사귀며 학문적 교유를 하였는데, 특히 정헌과는 손재 남한조의 문하에서 동문수학하기도 했다. 한번은 그가 과거길에 오를 때 부유한 처가에서 그를 전송하며 준 노자가 매우 많았다고 한다. 그는 이를 굳이 사양하지 않고 시장試場에 도착하여 가까운 일가친척 중에 궁핍한 이들에게 나누어 주었다. 그는 타고난 성품이 분잡하고 화려한 것을 싫어하였고 자립심이 분명하였다.

20세가 되는 해(1796)에 어릴 때부터 집안 가학의 스승이었던 동암이 세상을 떠나게 된다. 동암은 대산 문하의 고제로서 이미 문중에서뿐만 아니라, 사림에서도 그의 학문적 경지를 인정하였다. 평생 동안 『계훈유편溪訓類篇』, 『호서유편湖書類篇』, 『자경록資警錄』, 『학용의의學庸疑義』, 『근사록석의변近思錄釋義辨』, 『의례고견疑禮鼓見』, 『주천산법周天算法』 등 많은 저술을 남겼다. 특히 22권으로 구성된 『상변통고常變通攷』는 예서의 전범이 될 만한 큰 업적으로 평가받고 있다.

학문의 외연을 넓히다

정재에게 있어서 종증조부 동암의 하세는 매우 큰 의미를 갖는다. 지금까지 그는 집안의 선대로부터 이어진 가학을 통해 학문적 온축을 쌓았다. 정재가 어릴 적부터 학문의 지남으로 삼았던 스승이 바로 동암이며, 그의 죽음으로 인해 학문의 외연을 확장하는 새로운 전기를 맞게 되었다. 서산 김흥락이 지은 정재의 행장을 보면, 정재는 류장원, 남한조, 류범휴, 정종로, 이우 등의 문하에서 수학하였다.

21세(1797)에 아버지의 권유로 문경의 선유동仙遊洞에 옥하정

〈답류성백答柳誠伯〉

玉霞亭을 짓고 후학을 양성하던 남한조南漢朝(1744-1809)를 찾아갔다. 남한조는 경북 상주 출신으로 본관이 의령宜寧이며, 자는 종백宗伯, 호는 손재損齋이다. 그는 대산 이상정의 고제高弟로서 훗날 도백道伯과 암행어사의 천거가 있었는 데도 불구하고 평생 초야에 묻혀 후진양성에만 전념했다. 그는 후산 이종수 천사 김종덕 동암 류장원 등과 학문적으로 교유했다. 특히 류장원과는 각별한 관계를 유지했으며, 입재 정종로도 그를 학문적 도반이라고 할 만큼 긴밀한 관계를 유지했다.

한번은 정재가 스승에게 학문하는 데 있어서 가장 중요한 요체가 무엇인지를 질문한 적이 있었다. 선생은 "안으로 곧으며 사욕을 이김으로써 시비是非와 이해利害의 생각으로 하여금 깨닫지도 못하는 사이에 소리없이 소멸되게 해야 한다."라고 가르침을 주었다.

이후에도 정재는 매달 직접 찾아가서 뵙거나, 궁금하고 의심스러운 점이 있으면 편지를 통해 질문하곤 했다. 1807년에 정재의 편지에 대해 답신한 한 통의 편지를 보면, 정재가 심지를 굳건히 하여 열심히 공부하고 있다는 소식을 듣고 기뻐하고, 다만 직접 만나서 자세히 토론하지 못하는 것을 아쉽게 여겼다. 그러나 계속 편지를 주고 받으며 끊지 않는다면 대업을 이룰 수 있을 것이고, 이것은 자리를 함께 하여 공부하는 것과 별차이가 없으므로 아무쪼록 열심히 해서 늙은 나를 위로해줄 것을 당부하였다.

24세(1800)에 자신이 직접 주희朱熹의 『주자대전朱子大典』의 내용을 요약, 편집한 『주절휘요朱節彙要』를 편찬하였다. 물론 주자의 간찰을 새롭게 편집한 퇴계의 『주자서절요朱子書節要』가 이미 간행된 적이 있었다. 하지만 그는 『주자서절요』가 분량이 너무 많고 편집 체계가 인물 중심으로 구성되어 있에 공부를 시작하는 초학자가 보기에는 불편하다고 인식했다. 그래서 이를 보완하여 분량을 줄이고 내용별로 새롭게 구성해서 모두 4권으로 편집하였다. 전체 목차는 『근사록近思錄』의 구성에 의거하여 1권

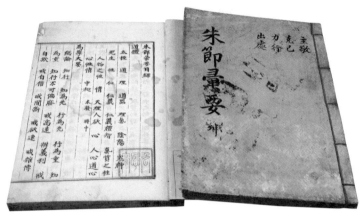

『주절휘요朱節彙要』

은 〈도체편道體篇〉, 2권은 〈궁리편窮理篇〉, 3권은 〈주경편主敬篇〉, 4권은 〈역행편力行篇〉 등으로 구성하였다. 훗날 1909년에 정재의 삼종질 류건호가 말미에 발문을 첨부하여 4권 2책으로 분책한 뒤, 청송의 부강서당鳧江書堂에서 목판으로 간행하였다.

　　25세(1801) 12월에 우산愚山으로 가서 입재立齋 정종로鄭宗魯 (1738－1816)를 뵈었다. 입재 역시 대산 문하의 고제이며, 특히 김종덕金宗德, 이종수李宗洙 등과 함께 '호문삼종湖門三宗(휘자諱字에 '종宗'가 들어가는 세 문인)'의 한 사람이다.

호학의 학적 정립에 몰두하다

대산이 하세한 지 22년이 되던 해(1802)에 의성義城 등운산騰
雲山에 있는 고운사孤雲寺에서 『대산선생문집大山先生文集』이 간행
된다. 한 시대를 풍미했던 대유大儒답게 대산 문집의 간행은 많은
예산과 시간, 그리고 인력이 투입될 수밖에 없었다. 대산 문집 간
행을 위한 프로젝트는 선생 사후부터 이미 시작되었다. 그의 아
우 소산小山 이광정李光靖(1714-1789)과 아들 간암艮庵 이완李
(1740-1789), 그리고 급문제자들이 중심이 되어 선생이 남긴 문자
를 수차례에 걸쳐 수집과 정리, 그리고 교정의 과정이 있었다. 이
런 와중에 1789년에 소산과 간암이 같은 해에 함께 죽게 되자, 결
국 대산의 문집 간행은 조카인 면암俛庵 이우李㙖(1739-1810)가 맡
게 되었다. 대산이 하세한 지 약 22년 만에 조카이자 이광정의 아
들인 면암 이우가 중심이 되어 선생이 남긴 문자를 정리하여 마
침내 52권 27책의 역작이 완성되었다.

고운사에서 『대산선생문집』이 간행될 당시 정재의 나이는
26세였고, 그 역시 간소에서 선생의 문집 간행에 직접 참여하였
다. 정재는 7세가 되던 1783년에 이완이 대산선생의 문집 교정을
위해 본가에 모였을 때도 곁에서 지켜본 적이 있었다. 또한 그는
만년(69세, 1845)에 자신이 손수 지은 「범례凡例」와 「발문跋文」을
수록하여 『대산선생실기大山先生實紀』를 10권 5책으로 구성하여

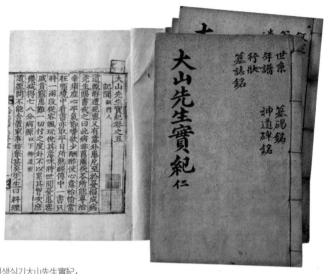

『대산선생실기大山先生實紀』

목판으로 간행하기도 했다.

　『대산선생실기』「범례」의 말미에, "치명은 늦게 슬하에서
태어났는 데, 이름을 지어주시고 이마를 어루만져 주셨으니 이것
은 다행스러운 일이다. 아득히 사모하는 마음은 마치 그 옆자리
에서 뵙는 것 같은데, 식견이 있을 나이에 선생의 빛나는 덕을 보
지 못한 것이 한스럽다. 노쇠한 날에 작은 정성을 다하지만, 또
외숙을 모시고 글 쓰는 것을 돕지 못한 것이 거듭 비통할 뿐이다.
삼가 손을 씻고 권 첫머리에 써서 이 책을 찬술하는 것이 전해 받
은 것이 있고, 함부로 독단적으로 하지 않았다는 것을 밝힌다."

라고 했다. 이 책을 왜 간행하게 되었는지, 대산에 대한 존모가 어느 정도였는지를 충분히 가늠해 볼 수 있는 대목이다.

28세가 되던 1804년 2월에 『심경心經』을 읽고 의심나는 부분을 호곡壺谷 류범휴柳範休(1744-1823)에게 편지로 질정하였다. 사실 16세기 이후, 유학을 공부하는 선비들에게 있어서 『심경』은 사서삼경에 버금가는 유가의 중요한 경전 중에 하나로 인식되었고, 유학을 공부하는 선비라면 누구나 즐겨 읽는 텍스트였다. 특히 퇴계는 '경敬'에 대한 중요성을 강조하며, 이를 좀 더 심화시키기 위해 『심경』에 대한 중요성을 강조한 적이 있다. 그가 얼마나 『심경』을 학문적으로 깊이 탐구했는지는 후대의 『심경질의心經質疑』와 『심경강록心經講錄』 등을 통해 짐작해 볼 수 있다. 이러한 관점에서 정재 역시 평소 즐겨 읽던 『심경』에서 의심스러운 부분이 있으면 재종조였던 호곡에게 질문하곤 했다. 이전에도 호곡은 '정본선情本善', '호기浩氣', '인심유위人心惟危', '도심유미道心惟微', '험미발기상驗未發氣象', '명막중조관冥漠中照管' 등 6조에 대해 정재와 강론한 적이 있다.

호곡은 류도원의 아들이다. 그의 학문적 위상과 유림에서의 명망은 이미 당시에도 상당한 수준에 올라 있었다. 일찍이 그는 대산의 문하에 입문하여 1776년에 선생으로부터 〈십육지결十六旨訣〉을 받았다. 열여섯 가지의 지결旨訣은 '입지거경立志居敬', '치지역행致知力行', '강건중정剛健中正', '함홍광대含弘光大', '사문상전師門相傳' 등이다. 그는 평생 동안 이를 자신의 삶의 지남으로 삼았다. 〈십육지결〉의 전수는 학봉계열이었던 전주류씨 수곡파 문인들에 의해 퇴계학맥을 더욱더 부상케 한 촉매 역할을 하기도 했다. 또한 그는 스승이었던 대산과 학문적으로 문답한 편지 가운데 중요한 것을 정리하여 『사문간독師門簡牘』을 지었다. 훗날 1785년에 태릉참봉泰陵參奉에 임명되어 임지로 떠날 때 『심경』·『근사록』·「사문간독」을 여장에 챙겨 넣으면서 "이 책들은 나의 엄사嚴師이다."라고 할 정도로 중요하게 여겼다. 이런 대목에서 대산에 대한 그의 존모가 어느 정도였는지를 가늠해 볼 수 있다.

그리고 대산의 문하에서 수학한 그는 생전에도 그랬지만 사후에도 스승에 대한 존경이 남달랐다. 그 일례는 바로 대산의 『고종시일기考終時日記』에서 단서를 찾을 수 있다. 이 일기는 대산이 병석에 누운 1781년(정조 5) 10월 15일부터 하세하기 바로 전날까지 기록한 것이다. 호곡은 『고종시일기』의 유사有司가 되어 선생의 마지막 가는 길을 일기에 자세하게 기록하였다.

현재 남아 있는 대산의 「고종일기」는 성책成冊 형태를 갖춘 필사본 2종과 『대산선생실기大山先生實記』 권9에 수록된 것이 있다. 3종의 일기는 각 본마다 약간의 내용 첨삭과 개작한 흔적이 있지만, 전체적인 내용의 대의는 서로 비슷하다. 초고 필사본에서는 "此以下用元本日記有司金宗燮柳範休"라고 밝혀놓았다.

이를 통해 초고 이전에 이미 다른 원본이 있었으며, 일기와 관련된 일에 천사 김종덕金宗德의 동생인 제암濟菴 김종섭金宗燮(1743-1791)과 류범휴柳範休(1744-1823)가 깊이 관여했음을 알 수 있다. 초고는 수정한 흔적이 많지만, 원고의 보존이나 관리 상태가 대체로 양호한 편이다. 그리고 다른 고종일기에 비해 특징적인 것은 원고의 제책製册 과정에서 표지를 푸른색으로 채색하였고, 마치 염殮을 하듯이 종이로 미려하게 매듭을 만들어 묶었다. 초고는 당시의 제책 과정이나 고문서의 형태로 보아 애초에 상당한 의미를 부여한 것이 아닌가 짐작해 볼 수 있다. 내용은 표지를 제외하고 모두 14면이며, 한 사람의 필체로 기록되어 있다.

또한 그는 사빈서원을 비롯하여 소수서원, 고산서원 등에서 많은 제자를 양성했다. 이 뿐만 아니라, 그의 아버지가 지은 『퇴계선생문집고증退溪先生文集攷證』과 숙부 류장원柳長源이 쓴 『상변통고常變通攷』의 고증에도 적극 참여하였다. 정재에게 있어서 재종조인 호곡은 가학의 스승이었으며, 1843년에 그의 행장을 짓기도 했다.

29세(1805) 8월에 경상우도에서 시행된 동당시東堂試에 합격하고, 그해 10월에 문과에 급제했다. 그리고 그 이듬해 1월에 전라도 고금도古今島로 유배가는 면암 이우李㝢를 송별하였다. 면암은 소산 이광정의 아들이자, 대산의 조카이다. 당시 유배는 지난 1792년에 면암이 사도세자思悼世子의 신원을 위해서 영남만인의 소두疏頭가 되어 올린 만인소萬人疏 전말에서 비롯되었다. 그해 3월에 정조가 영남 사림에 대한 새로운 인식과 노론을 견제하여 자신의 왕권을 강화하기 위하여 영남에 대한 특별한 배려로 도산별시를 열었다. 당시 응시한 유생이 무려 7,228명이었고, 제출한 시권試券도 3,632장이나 되었다. 이와 연계하여 4월에 이우, 김시찬金是瓚, 이경유李敬儒 등이 봉화 삼계서원에 모여 사도세자 신원을 발의하였고, 영남 만인소에 이우가 소수疏首가 되었다.

　　35세(1811) 8월 24일에는 고산정사의 강당에서 열린 고산강회高山講會에 참석하였다. 이 강회는 27일까지 4일 동안 개최되었고, 당시 강회의 좌장은 류범휴였으며, 『고산강회록高山講會錄』의 발문은 대산의 문하에 입문하여 학문을 수학했던 귀와龜窩 김굉金㙆(1739−1816)이 썼다.

　　조선시대에 유학을 공부하는 선비들에게 있어서 강회는 여러 가지 측면에서 나름대로 중요한 의미를 갖는다. 강회는 오늘날 학문을 하는 모임인 '심포지엄symposium'과 유사한 형태의 학회로 볼 수 있다. 다시 말해 모임에 참석한 사람들이 특정한 주제를 가지고 다각적이며 종합적으로 분석하기 위해 기획된 모임인 것이다. 당시만 해도 영남의 재야학자들은 정치나 학술분야에서 기호畿湖나 중앙에 비해 다소 소외된 편이었다. 이에 비해 영남의 재야 학자들은 퇴계학의 계승을 자부하며 서원이나 향교의 공간에서 대규모 강회를 개최하여 학맥의 계승을 자임하였다.

李宗樑

李師黙

李彥綱

李永遠

金壔

金養觀

金彌朝

柳魯文

南始溫

柳致明

李永鉉

權規

당시 고산강회에는 류범휴·김굉·이주정·이종주·류건휴·강운·류휘문·류치명·이시수 등 재야학자들이 약 100여 명이나 참석하였다. 우연의 일치인지는 모르지만 이 해는 대산이 하세한 지 30년이 되는 의미 있는 해였다. 그리고 강회의 주제는 바로 대산의 '성도설性道說'이었다. 내용은 '솔성지위도설率性之謂道說', '성구사덕설性具四德說', '심무출입설心無出入說' 등이었다. 당시에 열린 고산강회는 여러 측면에서 시사하는 바가 매우 크다. 물론 외형적으로 볼 때 강회의 목적은 단순한 학술활동이지만, 대산 선생의 제자를 비롯하여 도내 유림들이 대산의 학맥을 더욱더 결속하고 대산학을 학적으로 정립하는 자리이기도 했다. 공교롭게도 그 이듬해 1812년에 안동 도산에 있는 예안향교禮安鄕校에서 도회를 개최하여 대산을 호계서원에 추향하자는 논의가 다시 제기되는 계기를 마련하였다.

대산을 호계서원에 추향하자는 논의의 출발은 퇴계 학맥을 누가 계승했는지를 따지는 문제에서 비롯된다. 다시 말해 류성룡과 김성일 가운데 누가 퇴계의 적전嫡傳인지를 따지는 문제이다. 훗날 서애계열과 학봉계열은 '병파屛派'와 '호파虎派'로 각각 양분되어 이에 대한 논의가 더욱 격화되었다. 결국 퇴계의 학통문제는 각자의 입장에서 각 시대마다 안동의 향촌사회에서 여론의 주도권을 둘러싸고 첨예하게 대립하게 되었다.

1812년에 예안향교 도회에서 대산의 호계서원 합사合祀가

결의되었다. 그래서 이를 근거로 하여 왕의 결정을 얻기 위한 상소를 준비하였으나, 결국 강력한 반대에 직면하면서 소기의 목적을 달성하지 못했다. 그 후 4년 뒤, 1816년에 다시 호파에서도 기획하였으나 결국 병파의 반대로 결과를 얻지 못했다. 이후에도 호파는 선배 학자들의 문집을 간행하는 사업이나 그 관련 인물의 사당과 정자를 건립하는 사업, 그리고 끊임없는 강회를 통해 호파 내부의 결속을 다지는 기회로 삼았다.

47세(1823)에 학문적 스승이기도 했던 류범휴의 상을 당하게 된다. 앞에서 언급한 바와 같이 정재와 그의 문중에 있어서 호곡은 큰 스승이었으며, 문중의 종장 역할을 충분히 했던 인물이다. 48세(1824) 10월에 외숙 이병운李秉運, 이병원李秉遠, 송서松西 강운姜橒 등과 함께 황산사黃山寺에서 『중용中庸』을 강론하였고, 그 이듬해 2월에는 사빈서원에서 열린 강회에서 『심경』을 강론하며 활발한 학회활동을 하였다. 이러한 그의 활동은 크게 두 가지 측면에서 의미를 찾을 수 있다. 우선 그는 학문이 이미 성숙기에 이르렀고, 사림에서의 학문적 위상 역시 정립되었음을 알 수 있다. 아울러 그는 나이가 들수록 더욱더 호학의 학적 정립을 위해 후학들과 적극적으로 강회활동에 참여하였다.

이러한 정재의 활동은 『대평약안大坪約案』을 통해 좀 더 본격적으로 이루어진다. 그는 50세(1826)에 『대평약안』을 만들었다. 이 약안은 대산의 학문적 위상을 대외에 전파하고, 향후 안동을

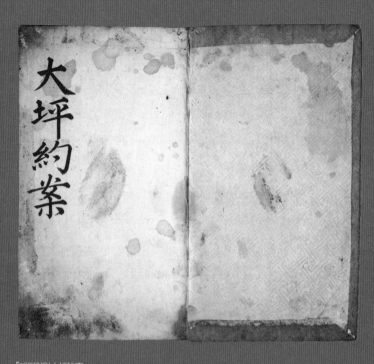

『대평악안大坪約案』

大坪約案

大坪約案 丁亥正月 日

柳蘊文 輝玉 庚戌 完山人
柳致亮 德明 辛亥 完山人
柳致說 天弼 壬子 完山人
柳致愽 聖誘 癸丑 完山人

중심으로 정재학단을 형성하게 되는 모태가 되었다. 약안에 등록된 문하생들의 수가 너무 많아져 1839년부터 1844년까지 잠시 등록을 중단했다가 1845년에 다시 시작하기도 했다.

54세(1830) 5월에는 황산사黃山寺에서 류장원이 저술한 『상변통고常變通攷』의 발문을 직접 짓고 간행에 참여하였다. 앞에서 살펴봤듯이 전주류씨 수곡파는 다른 문중에 비해 예학 관련 저술이 매우 많은 편이다. 특히 『상변통고』는 동암이 이미 생전에 초고를 집필하였고, 사후에 10년 동안 류건휴柳健休를 비롯하여, 류정문柳鼎文, 류치명柳致明 등 무실에 있는 전주류문의 대표 학자들이 약 10여 년간의 교정을 통해 마침내 목판본으로 간행하면서 그 결실을 보게 되었다.

이 예서는 30권 16책으로, 권수에 범례·인용서목·선유성씨先儒姓氏·가례서·이천예서伊川禮序·예총론禮總論·목록, 권1~4에 통례通禮, 권5에 관례冠禮, 권6에 혼례婚禮, 권7~22에 상례喪禮, 권23~25에 제례祭禮, 권26에 향례鄕禮, 권27에 학교례學校禮, 권28에 국휼례國恤禮, 권29·30에 가례고의家禮考疑 등이 수록되어 있다. 참고한 서적도 다양하여 한漢·당唐 이전을 비롯한 송대宋代의 중국 서적이 약 110여 종, 그리고 국내 서적이 약 50여 종에 이른다. 예설을 소개한 학자 역시 중국과 우리나라 학자를 포함하여 105명이나 된다.

1832년(56세) 3월에 갈암葛庵 이현일李玄逸의 산소 이장移葬에

갔다가 평해平海 월송정月松亭을 유람하였다. 갈암의 묘는 본래 1705년 1월에 안동 금소리 금양 북쪽 기슭에 썼다가, 1706년에 안동 남쪽 신사동 언덕으로 이장하였고, 1832년(순조 32)에 영해 서쪽 인량리 행정杏亭 언덕으로 이장하여 정부인貞夫人과 합장했다. 정재는 이때 이장에 참석하였고, 이후 그는 79세(1855)에 〈갈암선생신도비葛庵先生神道碑〉를 지었다. 비문碑文에서, "경의敬義의 공부로 안팎을 닦고 경륜經綸의 뜻으로 출처出處를 정도에 따랐다. 이에 당대의 영재들이 모두 그 문하에서 나왔으며, 게다가 집안의 훌륭한 자제가 그 학통을 이어 그 전수가 호학湖學에 이르렀으니, 이른바 '자사子思와 맹자孟子를 보면 알 수 있다.'는 것이 바로 이런 경우를 두고 말한 것이다."라고 하며, 갈암의 학문이 셋째 아들 밀암密庵에게 전해졌고, 밀암의 학문이 대산에게 전해졌음을 적시하였다.

그리고 1832년 9월에는 봉화의 삼계서원三溪書院에서 문천文泉 김희소金熙紹(1758-1837)가 삼계동주三溪洞主가 되어 개최한 강회에 송서松西 강운姜橒(1773-1834) 등과 함께 참석하였다. 이후 봉화 유곡[닭실]에 있는 석천정사石泉精舍에 머무르며 권두경權斗經의 문집 『창설재집蒼雪齋集』의 교정에도 참여하였다.

1833년(57세)에는 「심의제설深衣諸說」 및 「정자관제程子冠制」를, 그 이듬해에는 「독서쇄어讀書瑣語」, 「예의총화禮疑叢話」를 지었다. 이때부터 관직에 제수되는 횟수가 잦아짐에도 불구하고 편술編述 작업을 비롯하여 선배 학자들의 문집 교정, 강회講會 등 다양한 학술활동에 많은 시간을 할애하여 참여하였다.

1836년(60세) 3월에 『가례집해家禮輯解』를 완성하였다. 심재深齋 조긍섭曺兢燮(1873~1933)이 그 발문跋文을 지어 책의 내용과 편찬의도를 소개하였다.

정재定齋 류선생柳先生이 호상湖上의 전함을 얻어 박약博約의 공을 몸소 실천하였는 데 예에 더욱 심오하였다. 일찍이 동암東巖 선생의 『상변통고常變通攷』를 정리하여 간행하였고, 다시 『문공가례文公家禮』를 취하여 정정하고 편집하여 『상변통고』의 미진한 것을 보충하였다. 드러내어 밝혀 취하고 버리는 데 있어서 일일이 마땅함을 얻었고, 의심스럽고 방해되는 문장이나 구절은 과녁을 뚫는 것처럼 해결되었다. 『가례집해家禮輯解』라고 명명하고 선생이 직접 서문을 지었다. …(중략)…
예를 하루라도 폐할 수 없다면 『가례』가 하루라도 없을 수 없고, 『가례』가 없을 수 없다면, 이 책이 『가례』와 나란히 행해져 도움이 되는 것은 반드시 의심할 것이 없다. 비록 그러하나 의문儀文은 말단일 뿐이니, 돌이켜 구하면 또 본실本實이란 것이 있다. 그 본실을 궁구하지 않고 오직 말단에만 힘쓴다면, 돈후하게 예를 높이고 충신으로 예를 행하는 도가 아니다. 그러므로 이 책 한 편 가운데 누누이 이런 뜻을 보였으니, 아, 이것은

이른바 천하의 지극히 요약된 것이고 간략한 가운데 간략하다
는 것일 것이다.

—『암서선생문집巖棲先生文集』권23,「가례집해발跋」

　　그리고 9월에는 『양몽정훈養蒙正訓』을 지었다. 이 책은 당시
8살이었던 그의 아들 세산洗山 류지호柳止鎬(1825－1904)가 좀 더 공
부를 쉽게 배우고 익힐 수 있게 주자의 『동몽수지童蒙須知』,「백
록동규白鹿洞規」, 퇴계의「이산원규伊山院規」, 대산의「재거학규
齋居學規」등을 손수 정리하여 만든 몽학서이다. 세산은 1837년(61
세)에「혈구설絜矩說」을 지었고, 1840년(64세) 9월에는『학기장구學
記章句』를 저술하였다. 또한 1843년(67세) 5월에 봉정사鳳停寺에 가
서『퇴계집退溪集』중간에 직접 참여하기도 했다.

　　1844년(68세) 6월에 수정재壽靜齋 류정문柳鼎文(1782－1839)이
지은『근사록집해증산近思錄集解增刪』을 교정하였다. 수정재는 류
범휴의 아들이며, 조부 류도원과 종조부 류장원, 외조부 김강한
金江漢의 문하에서 수학하였다. 이 책은 모두 14권 7책으로 간행
되었는 데, 그가 직접 교정을 하고〈근사록집해증산서近思錄集解
增刪序〉를 지어 이 책의 간행 경위와 간략한 내용을 설명하였다.

　　1845년(69세) 가을에 대산의 '언행록言行錄'을 비롯하여 문집
에 수록되지 않은 관련 자료를 정리한 뒤,『대산선생실기大山先生
實紀』10권을 완성하였다.

『대산선생실기』권1에는 「연보年譜」가, 권2에는 「행장行狀」, 「묘지명墓誌銘」, 「묘갈명墓碣銘」, 「신도비명神道碑銘」이 실려 있다. 특히 권1의 앞부분에 있는 「대산선생실기범례大山先生實紀凡例」에 서 자신이 직접 실기의 범례와 편찬 의도를 피력하였다.

오호라! 도道가 천하에 존재하는 것은 반드시 전할 만한 사람 을 기다려서 전하게 되고, 그 전함은 또한 반드시 저술한 것과 기록된 것을 기다린 후에 본말本末을 볼 수 있다. 이것이 본집 本集과 부록附錄 두 가지를 그만 둘 수 없는 이유이다.

듣건대, 수사洙泗 이래로 우리 퇴계 문하에 이르기까지 주고 받은 지결旨訣은 오로지 일상생활의 익숙한 곳에 있었다. 세 상 사람들은 비근한 것을 싫어하고 고원高遠한 것을 바라기 때문에 경솔하게 스스로 크다고 여기지만 끝내 얻는 것이 없 게 된다.

선생의 학문은 일상생활의 쉽고 비근한 것에서 벗어나지 않고 점진적으로 고원하고 원대한 곳에 나아갔다. 사람을 가르칠 때도 또한 이것을 내걸어서 근본의 문호로 삼으니, 이것이 성 인聖人의 문하에 가장 공이 있는 것이다. 하나의 글 속에 이 뜻 이 아닌 것이 없으니, 읽는 사람이 진실로 여기에서 터득하여 잠깐 동안에 이루기를 바라는 생각을 없애고, 가까운 곳에서 시작하고 낮은 곳에서 시작하는 뜻을 따르면, 실제에 근거할

大山先生實紀凡例

一本集雖已刊行而於先生言行有未及焉者
編爲是書備見德行本末進修次第以與本
集相爲表裏

一世系所以詳源派也年譜所以詳終始也故
冠之篇首狀誌碣銘次之敍述管窺錄又次
之

一年譜因后山李公所編而就爲補輯然只是
於大體已成之中致其詳所收入皆據本集
與諸賢所記或參以曆中日記

「대산선생실기범례大山先生實紀凡例」

亦謹書而存敬畏焉嗚摩斯道之在天下必
待人而傳其傳又必待其所著與夫紀載
而後本末可見此本集附錄之兩不可己
者也抑嘗聞自洙泗以來以及我溪門授
受旨設專在日用處熟世之人厭卑近而
慕高遠以至輕自大而卒無得也先生之
學不出於平常易近而漸進於高淡遠大
其敎人亦揭以爲本根戶此最有功於
聖門者也一書之中無非此義讀者誠有
得於是而去其希求妙忽之志循夫自邇

自卑之旨方是有實地可據而不迷於所
從矣致明晚生膝下錫名則竊恨不及
而緬慕之思若有見乎其位則竊恨不及
有知而悵觀其光輝也垂殘之日乃粗效
微衷而又不從舅氏相其筆研重可悲也
謹盥手書于卷端以見書之撰有所受
而非敢自尊也乙巳重陽節外曾孫完山
柳致明謹書

수 있어서 실천하는 데 미혹되지 않을 것이다.

치명은 늦게 슬하에서 태어났는데, 이름을 지어주시고 이마를 어루만져 주셨으니 이것은 다행스러운 일이다. 아득히 사모하는 마음은 마치 그 옆자리에서 뵙는 것 같은데, 식견이 있을 나 이에 선생의 빛나는 덕을 보지 못한 것이 한스럽다. 노쇠한 날에 작은 정성을 다하지만, 또 외숙을 모시고 글 쓰는 것을 돕지 못한 것이 거듭 비통할 뿐이다. 삼가 손을 씻고 권 첫머리에 써서 이 책을 찬술하는 것이 전해 받은 것이고 감히 독단적으로 함부로 하지 않았다는 것을 밝힌다.

　　　　　　　　　―『대산선생실기』, 「대산실기범례大山先生實紀凡例」

권3에는 「서술敍述」과 「관규록管窺錄」이, 권4에는 「유사遺事」가 수록되었다. 그리고 권5에서 권8까지는 「기문記聞」인데, 완전한 '언행록' 형식을 가지는 것은 이 부분이다. 이를 나누어 보면 권5와 권6은 「기문·훈문인訓門人」이다. 이 부분은 대산과 제자들의 문답을 담고 있다. 그리고 권7과 권8은 「기문·경설經說」이다. 이 부분은 경전의 뜻에 대해 제자들과 문답을 한 것인데, 경전 서명書名을 차례로 삼아 기록하였다. 그리고 권9에는 「고종일기考終日記」, '만사輓詞', '제문祭文', 문집 성립 및 분황의 '고유문告由文', '진청陳請'이 실려 있다. 마지막으로 권10에는 「고산지高山誌」가 실려 있다.

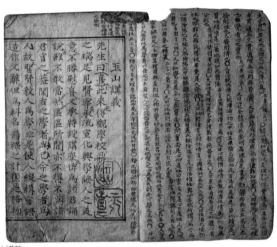

『옥산강의玉山講義』

이듬해 9월 4일부터 약 10일 동안 고산서당에 학자들이 모여 이 책을 교정하였다. 이어서 이곳에서 향음주례鄕飮酒禮와 옥산강의玉山講義를 열었다. 이에 대한 구체적인 사실은 수재修齋 류정호柳廷鎬(1837-1907)가 당일 기록한 『옥산강의玉山講義』에 상세히 잘 기록되어 있다.

9월 14일에 향음주례를 열었다. 이날 유사로 주인主人은 류치명, 빈賓은 금시술琴詩述, 개介는 김헌운金憲運, 사정司正은 이수응李秀應, 빈상擯相은 류치엄柳致儼이 맡았다. 다음날 15일에 옥산강의玉山講義를 개최하였다. 이날 강회는 절차에 따라 정재가 장석의 지위로 당에 오르고, 유생과 장로들이 계단 아래에 동서로 나누어 서서 서로 읍揖을 한 후에 강론과 문답이 시작되었다. 행사가 끝날 무렵에 그의 생질이 되는 신암愼庵 이만각李晩慤(1815-1874)이 정재에게 후학들을 위한 큰 가르침을 청했다. 이에 그는 『대산선생실기』의 편찬 의도를 설명하고, '위기지학爲己之學'을 통해 자기 자신을 되돌아 볼 것[反己]을 권면하면서 12일 동안의 행사를 마무리 지었다.

1847년(71세) 6월에 사빈서원泗濱書院에 모여 『학봉집鶴峯集』을 교정하였다. 『학봉집』은 몇 차례 중간을 거듭하게 되는데, 1649년에 처음 여강서원廬江書院에서 목판으로 간행된 이후, 1782년에 호계서원虎溪書院에서 속집 5권 3책을 간행하였다. 그리고 1847년에 학봉의 10대손이 되는 김진구金鎭龜, 김진화金鎭華와 정재가 사빈서원에 모여 문집의 원집을 7권 4책, 속집을 5권 3책으로 재편하고 교정하는 중간 작업을 하였다. 이때 정재가 문집의 말미에 〈연보후지年譜後識〉를 지었다. 4년 뒤(1851)에 다시 이를 목판으로 간행하였다.

1854년(78세) 11월에 만산萬山 류치엄柳致儼(1810-1876)이 지은 『호학집성湖學集成』을 읽고 교정하였다. 무실의 전주류문에서 저술된 다양한 저서 가운데, 대산의 학문과 그가 남긴 문자와 관련된 저서가 많은 편이다. 예를 들면, 류장원의 『호서류편湖書類編』, 류건휴의 『계호학적溪湖學的』, 류병문의 『호서요훈湖書要訓』, 류범휴의 『호상기문湖上記聞』 등이 이러한 유형이다. 만산 역시 호학의 학적 정립에 적극적으로 참여하여 『호학집성』와 『호학십도湖學十圖』를 지었다. 정재는 『호학집성』의 교정을 보고 서문序文을 지었다. 이러한 학술활동은 대산의 학문, 다시 말해 소위 '호학湖學'을 좀 더 체계적으로 정립하려는 의도와 노력의 일면으로 볼 수 있다. 또한 이 해에 대산의 신도비神道碑를 지었다.

1856년(80세) 11월에 호계서원虎溪書院에서 열린 강회에 참석하였다. 이 강회에 대한 사실은 『호계강록虎溪講錄』에 자세히 기록되어 있다. 그해 5월, 경상감영으로부터 각 열읍에 관문關文이 내려왔다. 관문에서는 피폐하고 해이해진 학정學政을 우려하여 선비를 뽑아 강학할 것을 독려하였고, 당시 관찰사는 해장海藏 신석우申錫愚(1805-1865)였다. 8월에 감영으로부터 같은 내용의 두 번째 관문이 다시 내려왔다. 이에 호계서원에서는 9월에 정재를 중심으로 향내 어른들이 서원에 모여 11월 10일로 강회일을 정하고, 당일 강회의 소임으로, 훈장訓長은 류치호柳致鎬, 재유사齋有司는 이문직李文稷·박형수朴馨壽, 동주洞主는 김건수金健壽로 정했다. 강회 당일에 서원 강회의 의례에 따라 의식을 거행하고, 소임에 따라 강학을 위한 자리를 배정하였다. 강講은 각각 한 사람씩 앞으로 나아가 자신의 주제를 읽으면, 참여한 다른 사람들이 이 주제에 대해 질의하고 토론하는 방식으로 진행하였다.

강학의 주제는 『심경心經』의 〈수권首卷〉으로 삼고, 먼저 〈심경서心經序〉와 〈찬贊〉, 〈심학도설心學圖說〉을 강하였다. 그리고 본문에서는 1권의 〈인심도심장人心道心章〉, 〈상제림여장上帝臨汝章〉, 〈시이우군자장視爾友君子章〉, 〈한사존성장閑邪存誠章〉, 〈경직의방장敬直義方章〉, 〈징분질욕장懲忿窒慾章〉, 〈천선개과장遷善改過章〉, 〈불원복장不遠復章〉, 〈극기복례장克己復禮章〉, 〈주경행노장主敬行怒章〉, 〈중용천명지위성장中庸天命之謂性章〉, 〈잠수복의장潛雖伏矣章〉 등의 순으로 진행하였다. 강을 진행하면서 훈장과 동주는 의견을 듣고 최종 답변을 해주었는 데, 발표한 내용의 옳고 그름을 '시是'로 판단하였다. 이 강회에서 정재는 강을 하는 이들의 의견을 주로 듣는 입장이었고, 간혹 자신의 의견을 개진하는 편이었다.

만우정에서 삶을 마무리하는 노학자

1857년(81세) 5월에 만우정晩愚亭이 건립되고, 자신이 직접 「만우정기晩愚亭記」를 지었다. 기문에서는 학문적으로 한 시대를 풍미했던 한 대유大儒의 만년 기상을 엿볼 수 있다. 만우정이 건립되자, 그는 이곳에 주로 머물렀다. 이처럼 만우정은 정재가 자신의 삶을 마무리했던 매우 유서 깊은 공간이었다.

「만우정기」에서 언급한 것처럼 나이가 이미 80살이 넘었고[主人年踰八十 方置亭 景已晩矣], 세상을 바라보는 혜안 역시 어리석다[計亦愚矣]고 자신을 낮추면서 정자의 당호를 '만우晩愚'로 짓고,

장수藏修와 후진 양성을 위해 임하면 사의동에 건립되었다.

1859년(83세) 8월에 만우정에서 응와 이원조와 함께 며칠 머물며 예의禮儀를 논하였고, 그리 멀지 않은 곳에 있던 용와가慵窩家의 침간정枕澗亭에 들러 『중용』의 첫 장을 강론하였다. 그리고 그해 10월에 기양서당에서 문중의 빈민구제를 위한 의창義倉을 설치하였다. 당시 무실에 전주류문이 약 4−5백 호가 되었는데, 이들 문중이 갑자기 흉년이 들거나 어려운 지경에 처할 경우에 구제할 방안이 필요했기 때문이다. 그는 족제族弟 류치약柳致約, 족질族姪 류암진柳巖鎭, 삼종질三從姪 류기호柳基鎬 등에게 주자朱子의 사창제도社倉制度에 의거하여 구체적인 절목節目을 만들게 하고, 후세에 영구토록 준용할 것을 당부하면서 서문序文에서 이런 사실들을 꼼꼼히 기록하였다. 정재의 문중을 위한 노력은 단순히 가난한 일가를 구제하기 위한 것만은 아닐 것이다. 의창의 설치는 얼마 남지 않은 자신의 삶을 정리하면서 문중의 종장으로서 문중의 결속과 단결을 소망했을 것이다.

1860년(84세) 6월에 여러 제자들과 '인설仁說'을 강론하였다. 주자의 〈답장남헌론인서答張南軒論仁書〉에 대해 가까운 친구나 문인들과 변론한 적이 없었다. 이에 류치엄이 편찬한 『인설집해仁說集解』를 텍스트로 삼아 그 오류를 교정하고 함께 강론하였다. 8월에는 동지춘추관사同知春秋館事를 제수받았다. 그리고 8월에 만우정으로 돌아와 자제들에게 명하여 만우정 주위에 화훼를 심고

주변을 아름답게 꾸미도록 했다.

　앞에서 언급했듯이 정재에게 있어서 만년에 건립한 만우정
은 삶을 마무리하는 중요한 공간이었다. 만우정을 건립한 이후,
그는 이곳에 주로 거처하며 외부 출입보다 강학과 후학양성에 몰
두하였다. 1861년(85세) 4월에 만우정에서 제자들과 머물며 강학
하였는데, 당시에도 종유從遊한 문인들이 많았다. 7월에 병석에
누웠다가, 10월 6일에 85세를 일기로 하세하였다.

2. 수기를 실천했던 환로의 길

　　유교가 국가의 이념이었던 조선시대에는 유학을 공부한 유생이라면 누구나 수기치인修己治人을 염두에 두고 학문에 정진하는 것이 일반적인 정서였다. 물론 출세를 개의치 않고 그저 은둔하여 자연을 향유하며 학문에만 정진한 은둔형 출처관을 가진 선비들도 있었다. 그렇다고 은둔하여 평생을 학문에만 전념하는 것이 선비의 최고 미덕이라고 평가할 수는 없을 것이다. 평생 동안 자기 완성에만 몰입하는 것이 유교에서 말하는 이상적인 삶이라고 단정할 수 없다는 말이다. 그래서 수기치인은 자신의 인격을 완성하여 사회의 다양한 문제를 해결하고 책임져야만 이루어지는 셈이다.

정재는 29세(1805) 8월에 경상우도에서 열린 동당시東堂試에 합격하고, 그해 10월에 대과에 급제하였다. 그는 세상의 명성과 이익에 태연한 편이었는데, 할아버지와 아버지의 기대에 부응하기 위하여 대과에 응시했다고 한다. 대과에 응시하기 위하여 작은할아버지 생원공生員公과 함께 상경하기로 했는데, 그가 준비한 필묵을 생원공에게 드리며, "이것들은 기이한 징조가 있습니다."라고 말하자, 생원공이 "가지고 있다가 너를 위해 쓰지 않느냐?"라고 했다. 그러자 그는 "연세 많은 선비가 마땅히 앞서야 합니다. 나이 젊은 사람들이 오늘의 이 징조를 차지할 바가 아닙니다."라고 했다. 과거에 급제한 이후, 그 이듬해 6월에 승문원 부정자에 보직되었다.

39세(1815) 2월에 성균관 전적에 제수되었으나, 사은숙배한 지 십여 일만에 사직하고 고향으로 돌아왔다. 당시 족친이었던 류정양柳鼎養(1767-?)이 이조참판에 재직하고 있었다. 그는 정재가 고향으로 돌아간다는 소식을 듣고 사람을 보내어 말하기를, "아무개는 집이 가난하고 늙은 어른이 있으니, 한번 외직으로 나아가 편안하게 어른을 봉양할 수 있게 내가 유념할 것이다."라고 했다. 이 말을 들은 정재는 다음날 짐을 챙겨 곧바로 고향으로 돌아왔다. 당시 흉년으로 인해 할아버지와 아버지를 봉양할 양식도 없을 정도로 생활이 어려웠다. 하지만 그는 자신의 뜻을 굽히면서 요행을 바라며 좋은 관직을 구걸할 뜻이 없었던 것이다. 그의 이러한 처세관은 면암俛庵 이우李㙖의 "늘 독서하고 학문을 진보하되 조급한 마음이 생기지 않도록 하라."는 경계의 가르침에서 영향을 받았다.

42세(1818) 6월에 사간원 정언을 제수받았으나, 문희聞喜[문경聞慶] 쯤 도착했을 때 아버지의 병환 소식을 듣고 곧장 사직하는 상소를 올린 뒤, 집으로 돌아왔다. 9월에 아버지의 상을 당하고, 그 이듬해 4월에 81세였던 할아버지마저 세상을 떠나게 되었다. 48세(1824) 1월에 사헌부 지평에 제수되었지만 곧바로 체직되었다. 그는 40대에 양대의 상을 당하면서 강회와 저술에 많은 시간을 할애하였다.

50세(1826) 2월에 사간원 정언에 제수되었으나 나아가지 않았다. 그리고 그 이듬해 1월에 조모 곡강배씨曲江裵氏의 상을 당했다. 2월에 시강원 문학으로 제수되었는데, 복상 중에 있는 사정을 안동부에 보고하고 곧바로 사직하였다. 55세(1831) 1월에 전라우도의 상시도사掌試都事가 되어 정읍井邑에 설치된 시장試場에서 시험을 감독하였다. 시험장에서 많은 선비들이 방을 붙여 효유하였지만, 시험 관계자들을 엄격하게 단속하여 무사히 시험이 잘 이루어졌다. 합격자의 방목榜目이 나가자 온 도가 흡족하여 칭송했다고 한다.

56세(1832) 4월에 홍문관 교리를 제수받았으나, 상소하여 소명을 사양하였다. 겸하여 고을이 피폐하고 백성이 숨어드는 것에 대한 자신의 뜻을 올렸다. 그리고 9월에 다시 교리를 제수받았으나, 이미 체직되었다는 소식을 듣고 관동으로 가서 산수를 구경하고 돌아왔다. 또한 10월에는 홍문관 수찬을 제수받고 서울에 도착했으나, 이미 체직되어 다음날 고향으로 돌아왔다. 그 이듬해(1833)에도 교리에 제수된 것이 두 번이고 수찬에 제수된 것이 한 번이었으나, 모두 지방에 있었던 관계로 체직되었다.

58세(1834) 2월에 사간원司諫院 헌납에 제수되었으나 체직되었고, 7월에 부교리에 제수되었다. 이에 10월에 소명을 받고 서울로 올라가서 사직하려고 상소를 올렸으나 윤허를 받지 못했다. 이때가 겨울인데도 불구하고 천둥이 치는 이변이 있었다. 이에 그는 두 번째 사직소를 올리면서 재변을 만났을 때 수신하고 반성하는 방도에 대해 자신의 뜻을 올렸다.

신이 전날 내리신 성지聖旨를 엎드려 읽으니, 전하께서 재변을 만나 경계하고 두려워하시면서 자신을 돌아보시고 수신하며 반성하시는 지극한 마음을 볼 수 있었습니다. 이로써 거의 위로는 하늘의 마음에 이르고 아래로는 여러 관료들을 경계하여, 괴이한 재앙이 변하여 상서祥瑞로움이 되는 기회가 되고 하늘이 오랫동안 천명을 주시는 근본을 빌 수 있게 되었습니다. …(중략)…

오늘의 나라일은 가히 급하다고 할 수 있습니다. 백성의 삶은 날로 고달프고 나라의 근본은 굳건하지 못합니다. 두 해 동안에 기근으로 도로에는 시체가 서로 베고 누웠으며 고을이 폐허가 되었습니다. 이는 참으로 군신 상하가 밤낮으로 강구하여, 위무하고 소생시킬 방도를 찾아야 할 것입니다. 그러나 마침내 대소의 관원들은 편안히 놀고만 있고, 온갖 법도가 폐하거나 해이해졌습니다. "낮은 곳의 말을 듣는다."는 하늘의 변고는 그냥 생기지 않습니다. 전하께서는 어질고 성스러운 덕이 있으시며, 공손하고 검소한 실질을 가지고 있기 때문에 어질다는 성대한 소문이 사방에 두루 퍼져 있습니다. 그러나 오히려 재물이 손상되고 백성은 곤궁하기를 면하지 못하고 위로 하늘의 화평함을 건드렸습니다. 그 이유를 알 만하니, 어찌 어질고 용서하심이 너무 승하고 깊은 못처럼 침묵하심이 너무 지나쳐 가끔 여러 아랫사람들이 게으르고 해이해지고, 혜택도 더러는 막히게 되었습니다. 여러 가지 잘못이 한꺼번에 일어나 병폐가 백 가지로 나오고 백성이 생계를 부지하지 못하건만 구제할 수 없는 지경에 이르렀기 때문이 아니겠습니까.

전하께서 진실로 성심聖心부터 능히 단안을 내리시어, 여러 일하는 자들을 독려하시고 나라일과 백성의 사정을 통찰하시어 정성스럽고 결백한 한마음으로 사람들에게 맹세하시기를 '생각건대 하늘과 조종祖宗께서 나에게 임무로 부여하신 것이 어렵고도 큰일이지만 내가 어찌 감히 힘쓰지 않으랴.' 라고 하소서. 이 뜻을 저녁마다 마음에 맹세하시면 가히 신명이 감동하고 천지를 움직일 수 있을 것이며, 이 뜻을 아침마다 일에 시행하시면 가히 인심을 격려하고 만방을 감화하게 할 수 있습니다. 이에 이로써 일 맡은 자에게 밝히게 명하시어, 날마다 백성에게 이롭고 병되는 것을 궁구하게 하여 파하거나 행하게 하시고, 날마다 나라에 충성스럽고 사려 깊은 것을 말하게 하여 듣고 가납하십시오. 또 더욱 그 원천을 준설하고 뿌리를 배양하시며, 부지런히 경연에 나가시어 토론하고 체험하십시오. 이와 같이 하는 데도 성덕聖德이 날로 올라가지 않고 치도治道가 날로 이루어지지 않고 백성의 삶이 좋아지지 않고 하늘의 마음이 기뻐하지 않을 이치는 없습니다.

―『정재선생문집定齋先生文集』부록 권1,「연보年譜」

정재는 때에 맞지 않는 천재지변을 통해 임금은 더욱 자신을 신칙하고 신하는 백성을 돌아보는 기회로 삼아야 함을 주문하였다. 그의 상소에 대해 순조가 비답하기를, "내가 덕이 없기 때문에 온갖 법도가 폐단이 생기고 해이해졌다. 추수를 할 계절인데도 불구하고 천둥과 번개의 이변으로 거듭 경계하니 두렵고 부끄러운데, 다시 여기에다 무슨 말을 하겠는가. 그대는 먼 곳에 있는 사람으로 피하거나 꺼리지 않고 숨김없이 모두 진달하였으니, 격정하고 사랑하는 정성이 매우 훌륭하다."라고 하면서 특별히 승진시켜 승정원 동부승지를 제수하였다.

그는 상소로 인해 승진하게 되자, 염치와 예법에 맞지 않다고 다시 상소를 올렸다. 하지만 순조는 윤허하지 않고 도리어 곧바로 소명패召命牌를 보내어 입궐할 것을 종용하는 명을 내렸다. 그는 연이은 상소가 도리어 임금께 자신을 드러내려는 혐의가 될 것 같아 관례에 따라 직책을 수행한 이후에 조용히 퇴직을 청하는 것이 낫다고 판단하고 마침내 나아가 숙배하였다.

그리고 얼마 후 19일에 사직소를 올리고 체직되어 돌아왔다. 사직소를 올릴 때 주위에 있던 조정의 관료들이 순조 임금의 인산因山이 아직 끝나지 않았는데 사직하고 돌아가는 것은 미안한 일이라고 했다. 하지만 그는 이미 승정원 동부승지에 승진되어 제수될 무렵에 임금에 대한 기본적인 예만 갖추고 곧바로 사직할 뜻을 가지고 있었다. 그는 환로에 나아가고 물러나는 출처관出處觀이 분명했기 때문에 결국 주위 관료들의 말에 흔들림 없이 자신의 의지대로 사직하고 돌아왔다.

59세가 되던 1835년은 순조 임금의 국상國喪이 있었다. 그리고 이 해는 헌종憲宗의 즉위년이기도 하다. 그는 산릉山陵의 곡반哭班에 참여하였다가 돌아왔다. 9월에 우부승지에 제수되었고, 이어서 부호군副護軍에 체부遞赴되었다. 62세(1838) 6월에 사간원 대사간司諫院大司諫에 제수되었다. 그 이듬해 4월에 승지에 제수되었고, 12월에 초산부사楚山府使에 제수되었다.

초산부사는 정재가 대과에 급제하여 환로에 나아간 이후 처음 맞는 외직이었다. 평안도 초산은 압록강 주변으로, 안동에서 1,800리나 되는 먼 거리의 국경 지역이다. 부사를 제수받은 지 겨우 한 달이 지난 그 이듬해(1839)에 숙부인 신씨의 상을 당하게 되었다. 거듭 근친의 상을 당하게 되자 환로에 나아가지 않으려고 하였으나, 외숙 면재俛齋 이병운李秉運(1766-1841)이 서찰을 보내어 부임을 권고하였다. 12월의 추운 날씨에 62세의 노구를 이끌고 친지와 지인들의 전송을 받으며 임지로 떠났다.

초산에 부임한 그는 지방 수령으로서 선정善政을 베푸는 일에 전념하였다. 당시 초산은 연이은 흉년과 기근으로 백성들의 삶이 피폐하여 굶주림이 심했고, 떠돌아다니는 백성이 많았다. 그는 수령으로서 이러한 폐단을 바로잡기 위해 크게 두 가지 정책을 수행하였다.

첫째, 진정賑政에 힘쓰고 환곡還穀과 전결田結에 따른 시폐時弊를 교정하는 일이었다. 초산지역이 황폐해지고 거듭 흉년이 들게 된 이유와 곡식을 축적한 사람들의 허실을 조사한 후에 가난한 사람들을 부유한 집에 나누어 살게 하여 그들로 하여금 각각 구제하여 배려해 주게 했다. 가난한 사람을 많이 구제해 준 사람은 상을 주고 명령을 따르지 않는 이가 있으면 벌을 주었다. 매우 가난하면서도 이웃과 마을에 친척이 없는 이는 관청의 진휼賑恤에 포함시켜 구제하게 했다. 굶주린 백성이 4천여 명이나 되었지만 한 사람도 버리지 않았다. 한번은 내지의 많은 상인들이 팔령 八嶺으로 와서 쌀값이 폭등한 사례가 있었다. 이곳에 사는 사람들이 이러한 시장 경제의 기이한 현상을 금해 줄 것을 그에게 청했다. 하지만 그는 "내지의 백성은 우리나라 사람이 아니냐?"라고 하며 요청을 거절하고, 쌀을 팔지 않은 사람을 조사하여 죄를 주었다.

또한 초산지역의 호구수戶口數가 1836년 이전에는 1만여 가구였으나, 1836년과 그 이듬해 이후에는 백성들이 유망流亡하여 겨우 1,500여 가구만 있었는 데도, 환곡이 많게는 3만여 석에 이르렀다. 우선 그는 현재 사람이 사는 집부터 환곡을 거두게 하여 2천여 석을 납부 받고, 아울러 관청에서도 봉급을 줄여서 그들을 적극적으로 도와주었다. 이러한 그의 선정에 감읍한 고을 사람과 그 족속 가운데 조금 넉넉한 자들이 각자 의연금을 내어 도와주었다. 당시에 모인 꾸러미 돈이 수만 꿰미였다고 한다. 이러한 사실을 감사에게 보고하고, 환곡을 돈으로 환산하여 받아들인 절미折米를 2냥 3전으로 계산하여 환곡을 적어서 읍으로 옮겼다.

또한 1834년에 있었던 큰 홍수로 인해 산과 골짜기가 변하여 밭도 없는 지경에도 불구하고 관아에서 세금을 기존처럼 거두게 되자 백성들의 원망이 대단하였다. 그는 다양한 방법으로 이들을 구제하고 전답을 새롭게 구획하여 백성이 편안히 농사를 지을 수 있게 하였다. 그리고 공고미公庫米·수미收米·낙세미落稅米

등의 세금 횡포로 아전들의 착취가 매우 심각하게 되자, 각 면별로 세금이 동등하지 않은 것을 증감하여 균일하게 부과하였다.

그는 세금의 균등한 배분에도 힘썼다. 부유한 백성들 중에 세금 부담이 많은 이들이 번번이 조절을 핑계로 가난한 호구에 나누어 부담시켰던 것을 모두 본래 이름에 환원하여 기록하도록 함으로써 세금을 함부로 거두어들이지 못하게 했다. 그리고 토지가 기름지고 농사짓기에 좋은 데도 불구하고 세금을 겁내서 감히 개간하려는 자가 없는 곳은 백성을 모아 경작하게 하여 기한을 5년으로 정하고 부역으로 세금을 공제하게 했다. 또한 초산은 변방지역으로 오랑캐와 인접하여 사회 풍속과 사람들의 기상이 사나웠다. 금령禁令을 무릅쓰고 사냥을 다니다가 포환砲丸에 맞는 경우도 빈번히 일어났다. 이러한 폐단을 막기 위해 사냥을 엄하게 금하고, 이를 어길 경우에 엄중하게 구금하였다.

둘째는 미풍양속을 교화하고, 학풍을 진작시켰다. 당시에 부자가 서로 떨어져 살고 형제가 서로 소송하는 지경에 이르게 되자, 그는 사랑과 예의, 그리고 양보의 의리로 그들을 깨우치고 가르치면서 혹시 따르지 않는 이가 있으면 형벌로 질책하였다. 또한 선비들 가운데 재주와 행실이 뛰어난 이를 선발하여 번갈아 향교에서 수업하게 하고, 때로는 본인이 직접 강좌에 나아가 그들의 구두句讀를 바로잡고 글 뜻을 깨우쳐 주기도 하였다. 또한 그는 「백록동학규白鹿洞學規」와 「이산서원학규伊山書院學規」를 손수 베껴서 그들에게 아침저녁으로 외우고 익히게 했는데, 그 결과 지난날의 잘못된 점을 고치는 효험이 있었다. 그리고 나이가 많은 노인을 직접 방문하고 계절에 따라 안부를 묻고 선물도 보냈으며, 충효忠孝와 의열義烈이 있으면 이들을 불러 특별히 포상하고 장려하였다.

당시 평안도 관찰사였던 벽곡碧谷 김난순金蘭淳(1781-1851)은 정재와 교분이 매우 두터웠다. 그는 자가 사의士猗, 호가 벽곡碧谷이며, 본관이 안동安東이다. 그는 1813년에 문과에 장원급제하여 검열·어사 등을 역임하고, 홍문관 부제학·형조판서·대사헌 등을 거쳐 1841년에는 이조판서에 올랐다. 그 뒤 우참찬·예조판서 등을 거쳐 1848년 기로사耆老社에 들어갔다. 정재는 벽곡과 승정원에서 함께 근무한 적이 있었고, 또한 이번에도 평안도에서 관찰사와 부사의 신분으로 함께 근무하며 직위의 고하를 개의치 않고 서로 공경하며 예의로 대접하였다. 그래서 정재가 논의하고 보고할 것이 있으면 늘 그가 청하는 바대로 반드시 대응해 주었다. 가뭄, 홍수, 폭풍 따위의 재해를 입은 논밭에 대한 감세[災結]를 요구하면, 초산부사가 요구하는 것 외에 추가로 혜택을 주면서, "백성이 실질적인 혜택을 입는 것은 오직 초산楚山이 그러하다."라고 말하곤 했다. 그리고 정재가 이제 늙어서 정사를 감당하기에 힘이 들어 사직하여 고향으로 돌아가려는 뜻을 밝히자, "내가 영공의 마음을 알지 못하는 것은 아니지만, 초산의 어린 백성들은 어떻게 합니까?'라고 하면서 만류하였다고 한다.

한번은 심승택沈承澤(1811－?)이 평안도에 암행어사로 온 적이 있었다. 평안도의 각 고을 수령들이 동요하고 두려워 했으나, 초산부사로 있던 정재는 전혀 동요하지 않고 전례에 따라 어사를 대접하였다. 그런데 그를 수행하던 하인 가운데 초산부의 백성을 토색하는 이들이 있었는데, 정재가 그들을 불러 매질을 하였다. 그렇게 하였음에도 불구하고 심승택은 오히려 그를 예우하기를 매우 근실히 하였다. 암행어사가 떠날 때, 정재가 웃으면서 말하기를, "어사의 업무는 그저 수령의 불법을 규찰하는 것만이 목적이 아닙니다. 수행한 하인들이 함부로 횡포를 부리도록 두어서는 안 됩니다."라고 하였다. 이에 대해 암행어사는 "진실로 그렇습니다."라고 하며 돌아가서 왕에게 이 사실을 칭찬하는 말로 아뢰었다고 한다.

65세(1841) 11월에 대사간大司諫에 제수되었으나, 이듬해 1월에 조정으로 가던 중에 체직되었다는 소식을 듣고 2월에 고향으로 돌아왔다. 8월에 공조참의工曹參議가 제수되었다. 초산부의 백성들이 지난날 정재가 수령으로서 베풀었던 선정과 교화를 기념하기 위하여 생사당生祠堂을 지어 그의 모습을 그려서 걸어두고 제사를 지내려고 했다. 초산 7읍의 선비들이 몇 차례 관찰사와 어사에게 조정에 포상을 요청하는 장계를 올렸다. 생사당은 백성들이 감사監司나 수령守令의 선정善政을 찬양하기 위하여 당사

자가 살아 있어도 제사를 지내는 사당이다. 이 소식을 들은 그는 "내가 한 일은 매우 보잘것없는 일이다."라고 하며 몇 차례 사람을 보내어 철거하도록 했다. 그가 초산부사로 재임한 이후, 그 곳의 백성들은 그를 '초산부모楚山父母', '관서부자關西夫子'라고 칭송하며 재임 시절 그의 은혜와 선정을 기렸다.

66세(1842)부터 72세(1848)까지는 환로에 나아가지 않고 주로 선현의 문집 교정과 간행, 그리고 동학들과 강회講會를 경영하는 데 적극 활동하였다. 그리고 73세(1849)에 대사간에 제수되었고, 77세(1853)에는 많은 관직이 제수되었는 데, 6월에 동지의금부사同知義禁府事, 한성부좌우윤漢城府左右尹, 9월에 오위도총부五衛都摠府 부총관副摠管, 12월에 병조참판兵曹參判 등이었다.

정재는 77세에 병조참판이 제수되었다. 그는 정조 임금 때 태어났고, 순조, 헌종, 철종 등 세 임금을 섬겼다. 사실 만년에 내려진 병조참판은 노구의 몸으로 감당하기에 역부족이었다. 그래서 충정의 마음으로 임금을 섬겼던 옛 선인들의 의리에 따라 임금에게 사임하는 상소를 올렸다. 이에 그는 옛 사람이 충언으로 임금을 섬기던 의리를 생각하며, 성왕이 될 수 있는 덕목을 세 가지 벼리와 열 가지 조목[삼강십목三綱十目]으로 지어 사임하려는 자신의 의지와 면려하는 뜻을 드러내었다.

세 가지 벼리[三綱]는 첫째, 일에 앞서서 경계하는 것[先事之誡], 둘째, 다스림의 근본[爲治之本], 셋째, 먼저 급히 힘써서 행해야 하는 일[急先之務]이다. 그리고 세 가지 벼리[三綱]에는 열 가지 조목이 있다. 일에 앞서서 경계하기 위해서는 첫째, 편안하게 놀며 즐기는 것을 경계해야 하며[戒逸豫], 둘째, 재물을 경계해야 하며[戒貨財], 셋째, 아첨함을 경계해야 하는[戒諛佞] 등의 세 가지 조목이 있다. 다스림의 근본[爲治之本]은 첫째, 하늘의 뜻을 체득해야 하며[體天意], 둘째, 성왕聖王을 스승으로 삼아야 하며[師聖王], 셋째, 부지런히 학문에 힘써야 하는[勤學問] 등의 세 가지 조목이 있다. 먼저 급히 힘써서 행해야 하는 일[急先之務]로는 첫째, 백성들의 고통을 구휼해야 하며[恤民隱], 둘째, 군정軍政을 정비해야 하며[修軍政], 셋째, 공도를 넓혀야 하며[恢公道], 넷째, 언로를 넓게 해야 하는[廣言路] 등의 네 가지 조목이 있다. 그리고 그는 마지막에 대산선생을 위하여 제향할 공간을 마련함으로써 임금이 유학을 높이고 도를 중하게 여기는 뜻을 보여 줄 것을 청했다. 결국 그는 병조참판이 체직되는 바람에 자신의 정치철학을 대변하는 삼강십목三綱十目의 소를 끝내 올리지 못했다.

이후 그는 고향에 머물면서 퇴계학의 계승과 호학湖學의 정립에 전념했다. 그래서 관련 문헌의 정리와 저술, 그리고 후학양성에 몰두하면서 자신의 삶을 정리하였다. 그런데 79세(1855)에 뜻밖의 사건이 일어났다. 이 해 3월에 장헌세자를 추숭하는 문제와 관련하여 상소를 올렸다가 79세의 노구로 지도智島로 유배길에 오르게 되는 비운을 겪게 된 것이다.

1855년은 장헌세자莊獻世子[사도세자思悼世子]가 탄신한 지 2주
갑이 되는 해였다. 그래서 1월에 철종은 이를 기념하여 경모궁景
慕宮에서 자신이 직접 작헌례酌獻禮를 행하고, 장헌세자의 존호를
'찬원헌성계상현희贊元憲誠啓祥顯熙'로, 혜빈惠嬪의 존호를 '유정
裕靖'으로 추상追上하였다. 특히 이와 관련하여 죽파竹坡 서준보徐
俊輔(1770-1856)가 판서로 재임하면서 상소를 올리게 되었다. 장
헌세자의 존호를 '정종대왕正宗大王'으로 청하고 경모궁의 일에
대해서도 함께 언급하면서 그 전말을 다 드러내지 않았다. 이에
그는 다음과 같이 말하였다.

> 내가 국가로부터 두터운 은혜를 받았고. 이제 늙었지만 끝내
> 그 은덕에 보답하지 못했다. 또한 우리 양파부군께서 기묘년
> (1759)에 세자궁의 관료로 계시면서 그 충성을 다 드러내지 못
> 하시고, 결국 우리 후손들에게 남겨 주셨다. 이제 이 해를 당하
> 여 그 단서가 이미 드러났는데, 한마디 말이 없는 것이 옳겠는
> 가?
>
> ─『정재선생문집定齋先生文集』부록 권1, 「연보年譜」

지난날 자신은 조정에서 관료로 재직하였고, 고조부 양파 류
관현 역시 관료로서 세자시강원문학世子侍講院文學으로 재임하면
서 충정을 온전히 다 드러내지 못한 점 등을 들어서 장헌세자 추

숭과 관련하여 장문의 상소문을 지었다. 물론 문하의 제자들을 비롯하여 집안 자제들이 그것의 시의성을 따지며 만류하였지만, 끝내 자신의 의지대로 상소문을 승정원에 올리기로 했다. 당시 응와 이원조가 생원시에 장원급제하여 성균관에서 공부하고 있었는데, 정재의 상소문에 대한 소식을 듣고, "만약 상소하는 일을 그만둘 수 없다면, 상소문 내용에서 인용한 '단종端宗 복위'와 관련된 일을 가지고 지금의 증거로 삼기보다 차라리 '덕종德宗의 일'로 바꾸는 편이 좋겠습니다."라고 했다. 응와의 편지에 대한 정재의 입장은 단호했다. 그는, "만약에 '덕종의 일'로 예를 든다면, 낳은 은혜를 중하게 여기고, 지극히 원통한 일을 가볍게 여기게 되어 사친私親을 추숭하는 단서를 마련하는 꼴이 될 텐데, 그렇게는 할 수 없다."라고 하며, 집안 종을 시켜 곧바로 상소를 올렸다. 상소문의 일부를 보면 다음과 같다.

혹시 지난날에 겨를 없어 못한 일을 오늘날 진달하여 청하는 것이 미안하다고 한다면, 이는 반드시 그렇지 않습니다. 전에 숙종肅宗께서 단종端宗의 위호를 회복하신 것도 바로 수백 년 겨를 없어 못하던 때에 있었던 일입니다. 그 일로 보면 이미 봉안된 위차位次를 옮겨 받드는 일이었으며, 그 순서로는 소목昭穆과 존비尊卑에 막힘이 있는 일이었습니다. 이 때문에 당시에 의논하던 신하들이 어렵다고 하는 이가 많았습니다. 그런데도 숙종께서 단연히 행하신 것은 천리天理와 인정人情으로 다만 그만둘 수 없었기 때문이었습니다. 하물며 오늘날 위로는 위차位次에 존비尊卑의 혐의가 없고, 아래로 천리와 인정에 막지 못할 것이 있음이겠습니까.

—『정재선생문집』부록 권1,「연보」

상소문이 승정원에 들어간 지 사흘이 지나자, 조정에서 이에 대한 성토聲討가 빗발쳤다. 우선 사간원의 대사간大司諫으로 있던 문봉文峰 박래만朴來萬(1804-?)이 상소를 보고 죄줄 것을 청했다. 결국 평안도平安道 상원祥原으로 유배지가 결정되었다. 그는 유배지로 출발하기에 앞서 "천 길 물결 속에서도 두려워서 지조를 잃지는 않겠지만, 벗들에게 부끄러움이 되지는 않을까 그것이 두렵다."라고 하며, 글을 지어 사당에 나아가 작별을 고하였다.

그해 4월 3일에 출발하였고, 류치임·이돈우·류성진·류지호·김대수 등이 동행하였다. 만산萬山 류치엄柳致儼(1810-1876)은 7월에 지도에 합류하였는데, 정재를 보필하며 지도 생활의 일상을 기록하여 『부도추배록涪島趨拜錄』을 남겼다.

고향을 떠나 길을 가다가 한밤중에 기목基木[영주 풍기]의 수철교水鐵橋에 이르렀는데, 금부도사禁府都事가 다시 지도智島로 유배하는 명령을 가지고 왔다. 일행이 모두 안색을 잃었으나, 그는 조용히 일어나 앉아 옷을 가다듬고 촛불을 밝히며 조정의 처분에 대한 구체적인 사실을 물었다. 관리가 말하기를, "마침내 삼사三 司에서 합계合啓하기를, 압송하여 국문하기를 청했습니다. 또한 대신들도 연이어 차자箚子를 올려 임금에게 윤허를 청했습니다 만, 특별히 임금께서 비답으로 섬에 안치하라는 명을 내렸습니 다."라고 했다. 다음날 아침, 다시 지도를 향해 남쪽으로 출발하 여 5월이 되어서야 섬에 도착하게 되었다.

정재는 지도에 도착하여 해배될 때까지 약 7개월여 동안 평 소와 다름없이 독서와 저술 활동, 그리고 강학으로 일상을 보냈 다. 그리고 유배지에서 그의 일상은 만산이 기록한 『부도추배록』 에 잘 나타나 있다. 만산은 류노문柳魯文의 아들이며, 정재의 삼종 제三從弟이자 문인이다. 훗날 종제 류치유柳致游와 함께 정재의 유 고를 수집하여 몇 차례에 걸쳐 필사하여 문집을 완성하였다. 『부 도추배록』은 필사본으로, 유배일기 형식을 갖추고 있다. 내용은 유배를 가게 된 연유와 당시 조정이나 재야의 상황, 유배길의 출 발부터 배소[지도]까지의 여정과 심정, 배소에 도착한 심정과 유배 기간 동안의 생활상, 해배되어 고향으로 돌아오면서 겪었던 여러 가지 상황 등이 기록되어 있다.

물론 정재는 80세의 노구였기에 유배라는 압박감과 낯선 배 소의 환경에 불편함이 없지 않았을 것이다. 하지만 배소에 도착 하여 해배될 때까지 일상생활이 평소와 크게 다름이 없었다. 그 는 유배가 결정된 후, 배소로 떠나기 위해 여장을 꾸리는 일족과

문인들에게 평소 즐겨 읽던『심경』,『근사록』등과「독서쇄어讀書
瑣語」,「예의총화禮疑叢話」,「성리진원性理眞源」등을 챙겨 갈 것을
명했다. 배소에서 그의 학문적 활동은 더욱더 활발히 이루어졌
다. 그는 지난날부터 초고 형태로 있던 원고들을 심도있게 다시
정리하여 완성했는데, 그 대표적인 논설이 바로「도중수록島中隨
錄」,「독서설讀書說」,「학기장구學記章句」등이다.

　　특히 그는 류치엄이 대산의 간찰, 잡저, 실기 등을 선록選錄
해서『근사록』의 편차에 의거하여 편집한『호학집성湖學輯成』의
교정에 적극 참여하였다. 그가 직접 지은「호학집성서湖學輯成序」
를 보면 다음과 같다.

　　이종제姨從弟 류치엄이 외증왕고外曾王考 대산 이선생께서 친
　　구와 문인들에게 보낸 왕복 편지와 잡저雜著, 실기實記 등을 모
　　아서『근사록』의 편목篇目을 모방하여 8권으로 만들고, 그 표
　　지에『호학집성湖學輯成』이라고 제목을 만들었다. …(중략)…
　　을묘년乙卯年(1855)에 치명致明이 호남湖南의 지도智島에서 견
　　책을 받아 몇 개월 있게 되었는 데, 치엄이 그 책을 가지고 와
　　서 그와 함께 한 번 읽으면서 틈틈이 교정을 보았다. 종묘宗廟
　　와 백관百官의 성진盛盡이 그 속에 담겨져 있는 것을 보고 이
　　책이 없어서는 안 된다는 것을 알았다.
　　　　　　　　　　　　　─『호학집성湖學輯成』,「호학집성서湖學輯成序」

대산종가 기탁 유물 『호학집성湖學輯成』

이렇듯 그는 외부와의 접촉이 비교적 제한된 유배지에서 평소 완성하지 못했던 다양한 저술을 완성하였고, 또한 주위에서 배움을 청하러 온 선비들이 있으면 기꺼이 맞아 가르침을 주었다. 그는 11월 16일에 해배의 명을 듣게 된다. 그리고 11월 27일에 의금부의 해배 관문關文을 무안현감으로부터 받았다. 그는 돌아오는 길에 상주에 있는 스승 손재의 묘소를 참배하였다. 그 제문을 보면, "문인 정재는 공경히 돌아가신 손재 남선생의 묘소에 제사를 올립니다. 제가 선생의 문하에서 노닐며 성인의 글을 전수받은 지 너무나 오래되었습니다. 또한 지난날 '변별의리辨別義利'와 '반기자성反己自省'으로 마음을 세우는 방법의 으뜸으로 삼고 선생과 선인의 글을 저버리지 않기를 바라며 관직을 그만둔 지가 10여 년이나 되었습니다. 「제손재선생묘문祭損齋先生墓文」"라고 하면서 스승에 대한 그리움과 해배되어 돌아오는 자신의 심정을 스승에게 토로하였다.

그는 79세(1855)의 노구로 4월 3일에 유배길에 올라 5월 2일에 지도에 도착했다. 11월 16일에 해배의 명을 들었다. 11월 27일에 의금부의 해배 관문關文을 무안현감으로부터 받았고, 12월에 고향으로 돌아왔다. 약 200여 일의 유배생활 동안 많은 학문적 업적을 쌓았을 뿐만 아니라, 저술을 통해 대산학의 학적 정립에도 큰 영향을 끼쳤다. 84세(1860) 7월에 동지춘추관사同知春秋館事를 제수받게 되는 데, 그의 삶에 있어서 조정으로부터 받은 마

지막 교지였다.

그는 29세에 문과에 급제하여 그 이듬해 승문원부정자로 보직 받은 후, 84세에 동지춘추관사를 제수받기까지 많은 관직을 제수받았다. 하지만 실제 관직에 나아간 경우는 그리 많지 않은 편이다. 그는 관직에 나아갈 수 있는 배경과 학문적 역량을 갖추고 있었는 데도 불구하고 관직에 나아가지 않았다. 늘 시대적 사도師道를 자임했고 후학양성과 창작 저술로 영남 유림의 종장 역할을 하면서 한 시대를 살다간 대유大儒라고 할 수 있다.

3. 퇴계학의 계승과 호학의 정립[1]

정재는 18C에서 19C에 걸쳐 학술활동과 후학양성을 하며 19C 퇴계학맥을 잇는 정재학단을 만들었던 대유였다. 결국 그의 호를 딴 학파가 19C 영남학파를 대표하는 학맥으로 자리를 잡았던 것이다. 정재학파는 퇴계학파 내에서 종통이 김성일金誠一(1538-1593)을 통해 이현일李玄逸(1627-1704)과 이상정李象靖(1711-1781)으로 이어졌다고 보는 일명 '학봉계열'의 주류를 형성했던 학파이다. 특히 갈암과 대산이 영남학맥의 종장으로서 그 위치를 정하면서, 남한조와 류치명으로 이어지는 영남 유림의 종장으로서 그 역할을 했던 것이다.

이와 같은 당대 정재의 위치는 19C의 복잡한 시대적 상황과

상관관계가 있다. 그가 활동했던 당시 퇴계학파는 병호시비를 비롯한 다양한 내적 분기를 겪고 있었으며, 외적으로는 율곡학파와 대립하는 양상을 보이기도 했다. 특히 당시 율곡학파와의 대립은 정치적 실각이 기정사실화된 상태에서 학적인 정체성을 지켜야 했던 절박한 상황에 처해 있었다. 이 때문에 내적으로 율곡학파에게 설득 가능한 이단적 요소를 최대한 배제하면서, 동시에 외적으로는 율곡학파와 차별적인 이론적 우월성을 확보해야 하는 중압감도 있었다.

이러한 시대적 현실 때문에 그는 내적으로 퇴계학의 정통성을 이론적으로 수호하는 한편, 이를 기반으로 영남학인들을 하나로 묶어야 했다. 그리고 외적으로는 율곡학에 대한 이론적 공격과 방어를 동시에 진행해야 했다. 이와 같은 노력은 내적으로 병호시비로 알려진 퇴계학의 적전 싸움에 적극적으로 대응하면서 이단으로 오해될 수 있는 한주학의 이론적 경향성으로부터 탈피하는 모습으로 드러났다. 동시에 율곡학파에 대해서는 퇴계학이 정체성을 기반으로 적극적으로 대응해야 했다. 영남을 중심으로 한 퇴계학의 수호 이념 아래 정재 사상이 만들어지고 있었던 것이다.

따라서 우리가 정재 학문과 사상을 이해하기 위해서는 퇴계로부터 정재로 이어지는 퇴계학의 분기와 계승에 대한 정확한 이해가 선행되어야 한다. 퇴계학의 기본적인 특징과 그것이 분기

되는 지점의 이론적 특징, 그리고 정재로 이어지는 학문적 특징을 살펴볼 필요가 있다는 말이다. 그리고 이러한 것들을 바탕으로 정재는 대내외적 문제들 속에서 어떠한 이론적 입장을 취하는지를 정리하기로 한다.

1) 대산학의 학적 정립을 위한 퇴계학

정재는 퇴계학맥의 정통에 서 있는 인물이다. 그래서 그의 성리설 역시 퇴계학으로부터 대산으로 내려오는 이론적 특성을 그대로 드러낸다. 정재와 그 이후 정재학파의 인물들은 대산을 '소퇴계小退溪'로 받아들이면서, 퇴계학의 종통을 학봉과 갈암을 이어 대산으로 계승하는 학맥으로 설정한다. 이렇게 되면서 성리설 역시 철저한 '대산학大山學' 전승을 모토로 삼게 되었던 것이다. 퇴계학의 적전이 대산에게 이어졌다는 인식은 대산학의 눈으로 퇴계학을 바라보게 했다. 따라서 정재의 학문적 특징을 이해하기 위해서는 우선 퇴계학으로부터 대산학으로 내려오는 이론적 특징의 이해가 급선무라고 할 수 있다.

퇴계학의 성리학적 특징은 여러 곳에서 확인할 수 있지만, 특히 퇴계와 고봉高峯 기대승奇大升(1527−1572) 사이에 진행된 사단칠정四端七情 논쟁을 통해 잘 드러난다. 이 논쟁은『맹자孟子』에서 성선론의 근거로 제시된 '선한 정情인 사단四端'과『예기禮記』

에서 제시된 '일상적 정인 칠정七情' 간의 관계를 성리설의 존재론적 근거가 되는 리기론理氣論으로 어떻게 치환시켜 논의할 수 있을까에 관한 문제이다. 주자학에 따르면 사단이나 칠정은 모두 '정'이다. 존재의 법칙과 원칙의 측면으로만 존재하는 리와 그 리가 발현된 모든 형태적인 것을 의미하는 기의 측면에서 보면, 감정이 드러난 형태는 기이다. 즉 사단과 칠정은 모두 기일 수밖에 없다.

그러나 리기론은 존재론의 측면에서만 해석되는 것이 아니라, 가치론적 측면에서도 해석 가능하다. 즉 선과 악의 근거로서 리와 기가 해석될 수도 있다. 이러한 측면에서 보면 기는 선과 악의 가능성을 모두 가진 것으로 설정되는 데 반해, 리는 선함의 존재론적 근거라고 말할 수 있다. 따라서 일상적 정감인 칠정은 기라고 말할 수 있지만, 순수하게 선한 사단을 기로만 이해할 수 없는 문제가 발생한다. 그렇다고 이미 드러난 선한 정을 리로 이해할 수는 없다. 이러한 이유에서 사단을 어떻게든 '리'와 관련시켜 해석하려는 입장과 기 가운데 '순선한 것' 정도로만 이해하려는 입장으로 나누어지게 된다. 퇴계가 전자의 입장을 취한다면, 고봉은 후자의 입장을 취하고 있다.

그런데 퇴계의 입장으로 이 문제에 접근하려고 할 때 생기는 문제가 바로 '리'의 개념이다. 주자학에서 리는 원리와 원칙의 측면으로만 해석되므로, 운동성을 갖지 못한다. 드러남이나 동정動靜의 문제는 기의 범주에 속하기 때문이다. 그런데 사단을 리와 관련시켜 해석하려면, 사단은 리가 능동적으로 발현한 결과여야 한다. '리' 역시 능동성을 가진 개념으로 설정되어야 하는 것이다. 사단칠정 논쟁이 리의 동정動靜 여부에 관한 문제이면서 동시에 '순수한 법칙인 리'와 '운동 개념을 가진 기'의 관계문제이기도 한 이유이다. 주자학에서 리기관계는 일반적으로 '불상리不相離'이면서 '불상잡不相雜'인 상태로 규정된다. 어떠한 존재가 형성되고 드러나며 운동하기 위해서는 리와 기가 떨어지지 않은 상태(불상리), 즉 반드시 결합되어 있는 상태여야 한다. 하지만 그렇다고 리와 기는 섞여서(불상잡) 완전히 동일한 사물처럼 있는 것도 아니다.

리와 기의 관계에 대한 주자학의 원론은 이와 같다. 그런데 이러한 일반론은 이것을 해석하는 사람에 따라 무게 중심을 달리하면서, 리기 관계에 대한 다양한 해석의 프리즘들이 만들어진다. 존재론의 입장에서는 어떠한 사물도 리와 기의 결합 아닌 것이 없으며, 이와 같은 측면에서 보면 리기불상리가 늘 전제된다. 퇴계 역시 불상리를 전제하고는 있는 이유이다. 그러나 리와 기의 관계를 윤리적 측면에서 살펴보면서 선과 악의 근거로서 인식할 수밖에 없다. 물론 기가 반드시 악의 근거인 것은 아니지만—실제 표현은 무선무악無善無惡이지만—그렇다고 해도 리가 선의 근거인 이상 악은 리와 기의 관계, 또는 기에 의해서 이루어질 수밖에 없다. 이렇게 되면서 리의 순수성을 기로부터 이론적으로 지켜 내려는 노력을 하게 되고, 이는 주로 불상잡 중심의 해석으로 이행될 수밖에 없다. 특히 리가 능동성을 갖는 이상, 리와 기는 '서로 섞여 있지 않다'는 데 무게 중심을 둘 수밖에 없고, 리기 관계 역시 대대待對적인 것으로 이해될 수밖에 없다.

이와 같은 기반 위에서 퇴계는 사단을 리의 능동적 발현에 따른 것으로 보고, 칠정은 기의 발현에 따라 이루어진 것으로 본다. 그리고 이와 같은 해석에 기반하여 리가 기를 주재할 수 있는 능동성을 가진 것으로 해석하여, '리발理發'을 주장한다. 이것은 인간의 성이 능동적으로 자기 선함을 구현할 수 있음을 의미하는 것으로, 선한 정은 리의 자발적 활동에 따른 결과이다. 따라서 여기에서 기의 구속력은 약할 수밖에 없다. 퇴계가 사단과 칠정의 '소종래所從來'를 강조하면서 사단은 리의 구속력이 강하고 칠정은 기의 구속력이 강한 것이라고 말했던 이유는 바로 여기에 있다. 즉 사단과 칠정은 각각 주主가 되는 것이 다르다는 것이다.

이처럼 리의 능동성과 주재성을 강조한 퇴계는 마음에서 리의 영역인 성性(인간의 선한 본성)을 강조하면서, 그것이 가진 능동성이 마음에서 발현될 수 있는 공부론을 설정하게 된다. 퇴계학에서 경敬공부론이 강조되었던 이유이다. 정情으로 발현되기 전 상태[未發之時]인 성性을 잘 기르기만 하면 그 성에 의해 자연스럽게 드러난[已發] 정 역시 선할 수밖에 없다는 생각을 갖게 되면서,

정으로 아직 드러나기 이전 상태, 즉 성에 대한 공부[未發之時 공부]의 강조로 이행되었던 것이다. 그런데 이와 같은 미발지시 공부가 주자학 내에서는 '경' 공부로 설정되어 있다. 따라서 경 공부는 성이 이미 정으로 드러났을 때 그 '뜻[意]'을 선하게 하는 공부인 '성의誠意' 공부와는 다를 수밖에 없다. 마음과 경을 강조했던 퇴계의 철학적 입장은 바로 여기에 기인한다.

이렇게 보면 퇴계 성리설의 가장 중요한 특징은 '리의 능동성'에 대한 인정이다. 이것은 리에 직접적인 운동성을 부여하거나, 혹은 직접적인 운동은 아니라고 하더라도 기를 조절하고 제어할 수 있는 능력을 부여하고 있는 것으로 표상화 된다. 그런데 적어도 전자는 주자학의 통상적 리의 개념을 벗어나는 것이며, 후자역시 논란의 대상이 될 수 있다. 그러나 바로 여기에서 '퇴계학'만의 중요한 특징이 형성되고 있다. 퇴계는 리기관계 역시 '불상잡'에 무게 중심을 두고 해석함으로써, 대대관계로 이해한다. '혼륜渾淪'보다는 '분개分開'가 강조되는 것이다. 이것은 심성론 영역에서 사단을 리에 분속시키고 칠정은 기에 분속시켜 이해하게 하며, 수양론 영역에서는 '주경철학主敬哲學'으로 드러났다.

'퇴계학'은 바로 이와 같은 이론적 특징을 가지고 있다. 리기론을 심성론적 측면에서 해석함으로써, 리와 기를 선악의 근거로 설정하고 있다. 이와 같은 기반 위에서 리의 능동성이나 주재성을 중심으로 기를 제어하고 통제할 수 있게 하려는 입장을 제시한다.

정재 성리설 역시 이와 같은 퇴계학의 이론적 특징을 그대로 받아들이고 있다. 그러나 앞에서 말했던 것처럼 정재의 성리설은 퇴계학파의 이론을 직승直承한 것이 아니라, 대산을 통해 수용하고 있다. 즉, 퇴계학의 이론 전개 과정에서 드러난 다양한 프리즘 가운데 대산의 눈을 통해 퇴계학을 받아들이고 있다는 말이다. 그런데 대산은 영남학파의 입장에서 기호학파인 송시열과 정치적 대립각을 세웠던 갈암의 입장을 비판적으로 수용했던 것이다. 갈암은 퇴계학이 가진 특수성에 주목하면서 율곡학과의 차별성에 무게 중심을 두고 해석했던 인물로, 퇴계학의 발전과정에서 중요한 굴곡점을 형성하고 있다. 그리고 대산은 이와 같은 갈암의 입장을 비판적으로 수용하면서, 또 한 번의 방향전환이 이루어지고 있는데, 정재의 성리학은 바로 이와 같은 이론의 굴곡점을 전제한 상태에서 이루어졌다.

갈암의 성리설은 퇴계학과 율곡학의 차별성을 극대화 시키는 것을 목적으로 했다고 해도 지나친 말이 아니다. 영남학인으로서 퇴계학의 정통성을 강조하기 위해 퇴계학과 율곡학의 차이에 주목하여, 차별성 중심으로 주자학을 이해하고 있는 것이다. 그는 사칠논쟁에 관한 논의에서 율곡栗谷의 입장을 강하게 비판하는 데, 그 비판의 요점은 사단과 칠정을 리와 기에 분속시키지 않고 일도一途로만 이해한다는 것이다. 이러한 이유에서 갈암은 우선 "주자께서는 원래 사단과 칠정을 인심人心과 도심道心에 분속시키고 서로 대대待對시켜서 말씀하셨다"라는 사실을 강조한다. 사단과 칠정을 대대관계로 설정하고 있는 것이다. 그러면서 그 근거로 "대개 그 소종래所從來에는 각각 그 주된 것이 있으니, 이것은 그 근본부터 그러하다"라는 입장을 제기한다.

갈암은 이와 같은 입장을 공고히 하기 위해 「율곡이씨사단칠정서변栗谷李氏四端七情書辨」을 집필한다. 그런데 그 내용을 한마디로 정의한다면 사단과 칠정의 분별 및 리기호발을 옹호하려는 것이다. 그는 사단칠정 논쟁과 논리적으로 유사한 맥락에 서 있는 인심과 도심의 문제에 있어서 이 둘이 분별된다는 사실을 강조한다. 이와 같은 이유에서 갈암은 "지금 리와 기가 서로 떨어질 수 없다는 이유를 들어 다시 그 소종래에 따라 각각 그 근거가 있다는 사실을 분별하지 않고, 인심과 도심의 근원은 하나이며 그것이 발하여 인욕으로 흐른 이후에야 비로소 인심과 도심의 구별이 있다고 말한다. 그런데 이렇게 되면 발하기 전에는 리와 기는 혼륜하여 하나였다가 발한 연후에 천리와 인욕을 구별하려는 것이 된다"라고 말한다. 마음의 형태로 드러나기 이전부터 인심과 도심은 이미 그 권원이 다르다는 말로 이해할 수 있다.

이와 같은 입장에서 나아가 갈암은 리와 기 역시 근원에서부터 차이가 있으며, 따라서 리와 기를 혼륜해서 말할 수 없다고 했다. "발하기 전에는 리와 기는 혼륜하여 하나였다가 발한 연후에 천리와 인욕을 구별하는 것"에 문제가 있다는 것이다. 그래서 갈암은 리와 기에 대해 결코 하나일 수 없는 존재임을 명시적으로 제시하면서, "리와 기는 결단코 두 개의 존재이니, 비록 그것이 기 가운데 있다고 하더라도 리는 원래부터 리이고 기는 원래부터 기이어서 서로 섞이지 않는다"라고 말한다. '결단코 두 개' 다시 말해 결코 합쳐질 수 없는 존재임을 강조한 것이다. 그런 갈암의 입장은 퇴계학 내에서도 '리기각발理氣各發'이라는 비판을 받았다.

　갈암의 입장은 기호학파로부터 강한 비판을 받았던 것은 당연하며, 심지에 퇴계학 내에서도 비판을 받아야 했다. 이 같은 과정에서 갈암은 우암 송시열과 정치적인 대척점에 서 있었고, 이후 정치적 실각의 길을 걸어야 했다. 이렇게 되면서 영남학인들 입장에서는 큰 틀에서 갈암의 입장을 지지하고 있었지만, 여전히 그의 성리설이 각발에 가까울 정도로 심했다는 비판이 제기되기도 했다. 대산은 바로 이와 같은 갈암의 성리설을 유산으로 물려받았다. 대산 입장에서는 갈암의 입장을 옹호하면서도, 논리적으로 '각발'에 가깝다는 비판에서 비껴갈 수 있어야 했다. 이와 같은 이유에서 나온 것이 바로 다음과 같은 대산의 언설이다.

　　문성文成(李珥)의 무리가 오직 혼륜의 논의만을 위주로 하였기
　　때문에 후대 그것에 대해 논의하는 사람들은 어쩔 수 없이 그
　　잘못됨을 지적하고 오류를 수정하지 않을 수 없었습니다. 이

것이 바로 증왕부曾王父(갈암)께서 고심하고 힘을 다해 그 평생
의 힘을 모두 사용하여 혼륜에 대해서는 간략하게 말하고 분
개만을 상세하게 말했으며 다른 부분만을 밝히되 같은 점에
대해서는 말을 거의 하지 않았던 것입니다.

　　─『대산선생문집大山先生文集』, 권39, 「잡저雜著 · 사단칠정설

四端七情說」

　　여기에서 대산은 갈암의 입장을 옹호하면서도 그 내용이 가
지고 있는 위험성을 극복하려고 한다. 이 때문에 대산은 사단칠
정에 대해서 우선 "두 정情(사단과 칠정)이 발하는 것은 머리를 나
란히 해서 함께 움직이거나 두 고삐를 나란히 해서 함께 나오는
것이 아니며, 또한 각각 한 쪽을 차지하고서 스스로 동하거나 정
靜하는 것도 아니다."라고 말한다. 혼륜한 것으로만 볼 수도 없고
분개인 상태로만 볼 수도 없다는 말이다. 이것은 "리와 기가 나
누어지지 않았다는 것만 보고 사단 또한 기가 발한 것이라고 하
는 것은 하나만 알고 둘은 모르는 것이니, 그 폐단은 대충 섞어서
구별이 없는 것이다"라는 비판과 "혹 나누어진 것만을 위주로 하
여 서로 합일되어 있지 않다고 하고, 심지어 칠정은 성이 발한 것
이라고 말할 수 없다고 하면 다름만 보고 같음을 알지 못하는 것
이니, 그 폐단은 소활疏濶하여 실정에 맞지 않는 것이다"라는 비
판도 이와 궤를 같이 한다.

그렇다면 구체적으로 대산은 리기 관계에 대해 어떠한 입장을 보여주고 있을까? 여기에서 그는 리기 관계에 대해 혼륜과 분개라는 두 측면을 동시에 바라볼 필요가 있음을 말하고 있다. 불상리와 불상잡의 양 측면을 동시에 이해하면서, 동시에 율곡학을 비판할 수 있는 이론적 토대를 만들고 있다. 이러한 이유에서 대산은 리기관계에 대해 "저들이 말하는 '같음'은 '같음'만 있고 '다름'은 없는 것이지만, 내가 말하는 '같음'은 같으면서도 다른 것입니다. 또 저들이 말하는 '하나'는 '하나'이면서 '둘'이 아닌 것이지만, 내가 말하는 하나는 하나이면서 둘인 것입니다. 저들은 혼륜만 있지만 저는 (혼륜을 말할 때) 분개도 겸해서 말합니다. 저자들은 단지 (기발일도라는) 하나의 도만 있지만 저는 (리기)호발을 겸해서 말합니다."라고 말했던 것이다.

여기에서 대산은 리와 기의 관계를 혼륜과 분개 양 측면에서 함께 파악할 필요가 있다는 사실을 분명히 한다. 이와 같은 입장은 사단과 칠정의 관계에도 그대로 적용된다. 사단과 칠정의 혼륜과 분개 양 입장을 함께 살펴야 한다는 것이다. 이 대목은 비록 혼륜의 측면만을 강조하지는 않지만 퇴계학의 사칠론에 율곡학적인 부분을 수용하고 있는 것으로 평가된다. 리와 기를 결단코 '다른 존재'로 이해하려고 했던 갈암과는 달리, 율곡학 계열의 비판을 수용하여 퇴계학을 재해석하고 있는 것이다. 이러한 측면은 이후 현실인식과 그에 대한 대응에 있어서도 갈암에 비해

한층 완화된다.

2) 류치명의 퇴계학 수용과 그 특징

정재가 퇴계학을 수용하고 있는 시점은 이미 퇴계학에 대한 논의의 단계가 성숙되고 있는 단계이다. 퇴계의 리기관계론은 원론적인 차원에서의 '리발' 설로 규정할 수 있다. 기가 리로부터 나온다는 원론적 입장에 기인해서, 기의 운동에 관한 '원리'가 리에 있다는 정도의 원론을 바탕으로, 기에 대한 주재와 제어 정도의 능력을 리에 부여하고 있었던 것이다. 그러나 갈암은 '퇴계학파' 또는 '영남학파' 라는 학파적 인식을 가지고 율곡학파(기호학파)와의 차별성을 만들어 가는 과정에서 '리기 각발' 에 준하는 논의들을 진행하였다. 퇴계학파 내에서도 비판의 가능성이 내재하고 있는 대목이다. 그러나 적어도 리를 중시하는 퇴계학파의 이론적 특징이 고착화 되는 과정은 거치게 되었다.

이와 같은 모습은 대산에 오면서도 리는 '살아 있는 존재' 라는 인식에 기반해서 갈암의 '각발' 에 준하는 논의들을 수정하는 역할을 하고 있다. 이렇게 되면서 대산은 아무래도 차별성보다는 퇴계학과 율곡학이 가진 공통점을 중심으로 이론적인 화해를 시도하는 모습을 보이게 된다. 물론 '리의 주재성과 제어의 능력' 이라는 퇴계학의 기본 원리를 벗지는 않지만, '리기호발' 을 이론적 특징으로 잡는 이유는 바로 여기에 있다.

정재의 철학적 특징은 이와 같은 대산학을 기반으로 한다. 당시 정재는 퇴계학의 특수성인 리를 극단적으로 강조했던 이진상李震相(寒洲, 1818-1886)의 '심즉리心卽理'설과의 이론적 대척점에 서야 했으며, 동시에 외적으로도 심시기心是氣의 입장에 서 있었던 율곡학파 이론과도 대응해야 했다. 리의 주재성과 자발성이라는 퇴계학의 기본 특징은 받아들이면서도 심학이나 양명학과 유사한 것으로 비판받는 '심즉리心卽理'에 대해서 대응해야 했다. 그리고 동시에 '각발'과 같은 형태를 띠지 않고 있음을 보여주면서도 율곡학과 같은 '심시기'의 입장을 제시할 수는 없는 것이 바로 류치명이 처한 이론적 입장이었던 것이다. 류치명의 철학적 입장은 이 때문에 리발설 보다는 리기호발설理氣互發說을 강조하게 되고, 심에 대한 기본 입장 역시 심겸리기心兼理氣라는 독특한 입장을 지향하게 된다. 따라서 이 장에서 류치명의 철학에 대해서는 이 두 입장을 나누어 살펴보면서, 그의 학문적 특징을 확인해 보기로 한다.

리기관계론과 리기호발설

이미 앞에서 살펴보았던 것처럼 퇴계학파는 '리발'이라는 용어를 통해 그 정도의 차이는 있다고 하더라도, 리의 능동성이나 주재성을 강조하는 입장에 서 있음을 알 수 있다. 갈암이 리발이 '리기각발'과 같은 의미로 해석될 수 있는 여지를 갖고 있었다면, 대산은 리가 기를 주재하고 제어할 수 있는 특징으로 해석하고 있다. 하지만 적어도 '리발'이 퇴계학 내에서 인정되고 있는 것은 분명한 사실이다. 리의 능동성을 바탕으로 한 강한 심학적 특징을 유지하고 있다는 의미이다. 이와 같은 특징은 류치명에게도 그대로 유지된다. 다만 그 특징을 확인하기 위해서는 '리발(또는 리의 동정)'이 인정되는 '정도'를 확인해야 하며, 이는 그 스스로 퇴계학을 잇고 있음을 드러낸 것이라고 말할 수 있다. 특히 정재는 리기 동정 문제에 있어서 대산의 입장을 그대로 받아들이고 있는데, 아래 인용문에서 그가 밝히고 있는 리기 동정 문제 역시 대산의 입장이 중심을 이루고 있다.

> 대산선생께서는 리와 기가 동정한다는 설에 대해 "리는 본래 기에 타기 때문에 (리의)동정이 있다고 말한다. 그러나 그 본체가 무위無爲한 것은 원래부터 그러하니, 이것은 기를 주로하기 때문에 동정이 없다고 말한 것이다. 그러나 그 지극히 신묘한 운용은 혹여라도 줄어들지 않으니 이것을 가지고 '두루 두루 정절精切하다.'라고 말하는 것이니, 그러므로 리가 동정한다는 것은 더욱 잘 볼 수 있다. 만약 리에 동정이 없다고 하면 리는 죽어버린 무정無情한 존재로만 여기는 것이니, 이렇게 되면

기는 아무런 근거도 없이 동정動靜하게 된다."라고 했다.

—『정재집定齋集』, 권19, 「잡저雜著 리동정설理動靜說」

정재는 대산의 리발설을 그대로 자신의 리발설로 이해하고 있다. 리발을 인정하고 있다는 점에서 그 스스로 퇴계학도임을 자임하는 것으로, 이와 같은 점에서는 당시 강한 논쟁의 대상이 었던 이진상과도 다르지 않다. 류치명이 "리는 활물活物"이라고 말했던 이유도 여기에 있다. 그러나 그가 말한 리의 동정은 '리에 동정이 없다면 리는 죽어버린 존재'에 불과하다는 사실에 근거하고 있으며, 동시에 기의 근거가 사라진다는 사실을 문제로 삼는다. 이는 '리의 능동성과 주재성'이 리기 관계에 있어서 원론적으로 인정되고 있는 대산의 입장과 궤를 같이하고 있다. 이와 같은 입장에서 그는 사단과 칠정의 문제에 있어서도 대산과 유사한 입장을 보여준다. 그는 스승인 손재損齋 남한조南漢朝 (1744-1809)에게 보낸 편지에서 다음과 같은 사실을 분명히 한다.

대개 사단에 부중절함이 있는 것은 기가 그렇게 하게 한 것이지만, 그 소종래는 분명히 천리가 발한 것입니다. 다만 기가 그것을 가려서 그렇게 된 것일뿐입니다. 그러므로 이것을 기에서 발했다고 여기는 것은 옳지 않은 것 같습니다.

—『정재집定齋集』, 권2, 「서書 상손재선생품의上損齋先生稟疑」

사단은 천리가 발한 것이라는 입장을 강조한 것이다. 또한 주희의 말을 인용하면서 "리에 동정이 있으므로 기에 동정이 있다. 만약 리에 동정이 없다면 기가 어떻게 저절로 동정이 있겠는가?"라고 말하면서 리의 동정을 인정한다. 문제는 앞에서 말했던 것처럼 리의 동정이 어디까지 인정되고 있는가 하는 점이다.

정재는 자신이 존신하는 대산의 중요 업적으로 "퇴계 선생을 존신하는 자들 가운데에도 종종 중中이 한다고 여겼으나, 대산大山 선생에 와서 리기가 동정한다는 설(理氣動靜說)이 있었다"라고 말한다. 중이 동정하게 한다고 믿는 사람들도 있었다는 비판이면서, '리발'은 '리기호발'의 범주 안에서 인정될 수 있음을 분명히 한 대목이다. 이 때문에 정재는 김자익金子翼이 "태극의 동정이라고 했을 때 여기에서의 동정은 혹 리를 가지고 말하는 경우도 있고 혹 기를 가지고 말하는 경우도 있으니, 리와 기를 겸해서 보아야 할 듯합니다. 어떻습니까?"라고 묻자, 큰 틀에서 긍정하면서 "리는 동정動靜이 오묘하게 운행되게 하는 주인이고, 기는 동정이 갖추어지는 바탕이다. 그러므로 동정動靜이라는 글자를 가지고 리에서 보거나 기에서 보아도 모두 가능하다."라고 답한다. 동정에 있어서 리와 기의 역할을 모두 인정하고 있으며, 따라서 보기에 따라 리가 발한 것일 수도 있고 기가 발한 것일 수도 있다는 말이다. 이와 같은 입장은 이진상과의 논의에서 확정적으로 드러난다.

이진상이 "리기호발론은 퇴계께서 주자의 설에 근본하여 입언한 것인데, 그후 이문성[율곡 이이]이 근본이 둘이라고 비판하였으니, 호발 두 자에는 각발의 뜻이 있습니까?"라고 묻자, "사단과 칠정이 발하여 나오는 묘맥은 확연히 다르니, 하나는 리를 주로 하는 것이 있고 하나는 기를 주로 하는 것이 있어서, '호발'이라고 말하는 것이다. 대개 사단이 발할 때에는 천리가 무성하게 유출하여 심이 그것을 감싸둘 수 없고 기가 손과 발을 붙일 수가 없다. 그러므로 리발이라고 말하는 것이다. 칠정이 발할 때에는 형기가 격하게 넘어 들어오면서 리가 그것을 관섭管攝할 수 없다. 그러므로 기발이라고 말하는 것이다. 리가 발할 때도 있고 기가 발할 때도 있으니, 어찌 호발이라고 하지 않겠는가?"라고 대답하였다.

—『한주집寒洲集』 초간본初刊本 40권 7판

리와 기는 '호발'이지 결코 '각발各發'의 뜻이 있을 수 없다는 말이다. 더불어 류치명의 이러한 대답은 오로지 '리만 발하는 것'으로 이해할 수 없다는 입장도 들어 있다. 여기에서 류치명이 논거로 삼고 있는 것은 바로 사단과 칠정의 각기 다른 속성에 대한 인정이다. 즉 그는 '묘맥이 다르다'는 대답을 통해 칠정이 '리의 능동성'에 근거하지 않고 발할 수 있음을 드러내고 있는 것이다. 이 때문에 정재는 사단과 칠정에 대해 "사단과 칠정은 각각 그 소종래所從來가 있으니 위로 그 근원을 미루어 보면 어떻게 리와 기의 구분이 없겠는가? 이것이 리발과 기발이라는 가르침이 있게 된 이유이다."라고 말한다. 사단을 리 중심으로 이해할 수는 있어도 칠정을 리 중심으로 이해할 수는 없다는 의미이다. 이진상이 칠정까지 리발로 읽고 있는 것과는 차이를 보여주는 대목이다.

이와 같은 입장에서 정재는 불상리와 불상잡, 리발과 기발 등에 대해 고르게 이해할 것을 강조한다. "리와 기는 불상리不相離하면서 불상잡不相雜한 것이어서, 합해서 성이라고 해도 본연지성과 기질지성으로 다르게 가리키는 것이 있다."라고 말하고, 그 뒤를 이어 "발해서 정이 되면 리발과 기발이라는 두 이름이 있다"라는 입장을 밝히고 있으며, 나아가 "정에 사단이 있는 것은 성에 리가 있기 때문이 정에 칠정이 있는 것은 성에 기가 있기 때문"이라는 입장을 분명히 한 것은 이러한 이유에서이다. 따라서 정재는 당연히 기호학파에서 제시하고 있는 '기발일도氣發一途'에 대해서 부정적일 수밖에 없지만, 동시에 '리발일도理發一途'도 인정할 수 없는 이론적 틀을 보여준다. 이러한 점은 이진상이 기발을 리발의 부속적인 것으로 위치시킴으로써, 궁극적으로 리발 하나로 이해하려 했던 것과는 다르다.

심겸리기설心兼理氣說과 그 근거

　앞에서 보았던 것처럼, 정재는 리발설을 철저하게 '리기호발' 의 관점에서 읽고 있다. 이와 같은 입장은 리기호발설이 적용되는 심성론에 있어서도 한주학파의 '심즉리설' 이나 율곡학파의 '심시기' 입장과는 다른 모습을 보여준다. 리기호발설이 한주학파의 심즉리心卽理설에 대한 비판적 관점을 형성하는 동시에, 율곡학파의 일반론인 심시기에 대해서도 비판적 입장을 취할 수 있게 해 주었던 것이다. '심겸리기설' 은 바로 이와 같은 입장에서 나온다.

　당시 정재의 '심겸리기설' 은 이진상이 말한 '심즉리설' 에 대한 비판의 과정에서 명시적으로 드러난다. 이진상은 율곡학파의 '기발일도' 에 맞서 '리발일도' 에 가까운 리기관계론의 특징을 보여준다. 이와 같은 입장에서 심은 '성이 발한 것' 이며, 따라서 성이 발한 것 그 자체를 리로 이해해야 한다는 논리를 만들어냈다. '성의 자연스러운 발생이 마음 전체에 가득차 있는 상태' 이며, 이와 같은 이유에서 심즉리라고 말했던 것이다. 이와 같은 기반 위에서 심성정의 문제를 정리하기 때문에 '심통성정' 에서 통統 역시 '통솔' 이나 '주재' 에 무게를 두고 해석한다. 그렇다면 정재는 성발위정性發爲情과 심통성정心統性情에 대해 어떠한 입장을 가지고 있을까?

앞에서도 이미 밝혔던 것처럼 성발위정은 주자학의 기본 명제로, 주로 '성은 미발로 정情은 이발'로 이해하는 논리적 근거가 되었다. '발'이 정의 영역에서만 인정되는 이유 가운데 하나이다. 한주 이진상의 '리발'에 대한 인정은 이와 같은 입장을 강하게 해석했기 때문이다. 그러나 정재는 '성발위정'을 전체적인 측면으로 보지 말고, 분개와 혼륜이라는 두 측면 가운데 '혼륜'의 측면에서 본 것으로 이해할 것을 권한다. 이러한 이유에서 정재는 사단과 칠정의 관계에 대해 혼륜渾淪·분개分開와 리간離看·합간合看의 차이가 있는지를 묻는 물음이 제시되는데 그에 대해 "'성발위정'이라고 말했는데, 이것은 『중용中庸』과 『예기禮記』 「예운禮運」에서 나온 것으로, 여기에서는 발하는 것이 리가 되는지 기가 되는지를 구분하지 않고 전체적으로 정이라고 말했던 것이다. 그러므로 사단은 그 가운데 포함되어 있으니, 이것을 일컬어서 혼륜해서 말한 것이라고 한다."라고 답한다. 성발위정은 혼륜의 관점에서 나온 것이라는 말이다.

정재는 성발위정을 '리가 되는지 기가 되는지 구분하지 않고 전체적으로 정이라고 말한 것'으로 규정한다. '성발위정'이라는 용어가 리기를 혼륜해서 본 것이라는 말이다. 따라서 성발위정이라고 했을 때 그 정에는 리와 기가 섞여 있으며, 따라서 순수하게 성이 발해 정이 되었다고 보기에는 어렵다. 류치명이 "대개 성발위정性發爲情이라고 말하는 것은 성의 리가 정 속에 있다는 의미이다."라고 말하고, 나아가 "성발위정은 정일 따름이다."라고 말했던 이유는 여기에 있다. 여기에서 류치명이 말하는 정은 '리가 그 속에 들어 있는 정'으로, 리와 기의 결합 개념으로 이해하고 있는 것이다. 정재는 이러한 기반 위에서 "미발은 성이 되고, 이발은 정이 되는 것이 온당하다."라고 말한다. 이진상이 '성발위정'의 의미 자체에 주목했다면, 정재는 성을 미발로, 정을 이발로 설명하면서 '성발위정'을 차용하는 것이다. 이진상이 성발위정을 통해 '성이 발한다는 사실'과 '정 역시 이발의 리'라는 사실을 강조하려 했던 것에 비해, 정재는 미발과 이발로 성과 정을 나누어 보면서 차별적 구조를 설명하는 데 초점을 맞추고 있다.

이렇게 되면서 심통성정의 의미도 이진상의 입장과는 차이를 보인다. 이것은 심을 어떠한 존재로 보는가의 문제이며, 나아가 심과 성정의 관계를 어떻게 설정하는가에 대한 문제이기도 하다. 정재는 심과 명덕의 관계에 대한 질문에 답하는 과정에서 심을 '리와 기의 합'으로 정리하여, "심은 리와 기의 합이다. 명덕明德은 심 가운데에서 도리가 밝게 빛나고 맑게 비추는 것을 가리켜 말하는 것이니, 모름지기 주리主理의 측면에서는 심과 다른 점이 있다는 사실을 알 수 있다. 그러나 만약 주기의 측면에서라면 심과 명덕을 어디에서 구별하겠는가?"라고 말한다. 심은 리와 기의 합이며, 명덕은 그 가운데 도리가 밝게 빛나는 것이라는 말이다. 이것은 심 속에 기氣적인 측면이 존재하고 있기 때문에 심이

라고 하더라도 명덕처럼 순수한 도리가 밝게 빛나는 것과는 개념
적으로 구분하고 있다. 원론적으로 리기의 합은 심이고, 그 가운
데 리의 밝음이 드러난 것을 명덕으로 이해한 것이다.

　이와 같은 류치명의 기본적 입장은 심통성정의 통에 대해서
도 주로 주재나 통솔보다는 통섭이나 겸섭의 의미로 해석하는 데
에서도 잘 드러난다. 그는 "심통성정이므로 동動함도 있고 정靜함
도 있다. 정靜하여서 성의 체體가 서고 동動하여서 정情의 용用이 운
행한다."라고 말한다. 심통성정이기 때문에 동정이 있고 체용이
있다는 의미이다. 여기에서 통統은 그야말로 성과 정, 체와 용을 겸
섭한다는 의미에서 나온 것임을 알 수 있다. 이러한 입장에서 주재
를 강조했던 정재의 의견이 이진상과의 논의에서 잘 드러난다.

　　이진상이 "심은 일신一身을 주재하는 것인데, 주재라는 두 글
　　자는 오로지 리만을 가리키는 것입니까? 아니면 기를 가리키
　　는 것을 겸하고 있는 것입니까?"라고 묻자 정재는 "리와 기를
　　겸했다고 말하는 것이 거리낄 것이 없겠다."라고 대답했다. 그
　　러자 이진상은 "리는 '근거(所以)로서 주재의 실체이고, 기는
　　바탕으로써 주재의 도구입니다. 심은 리와 기를 겸하고 있기
　　는 하지만 일신의 주재라고 말한다면 이것은 다만 리뿐인 것
　　같습니다."라고 말했다. 이에 "심이 주재할 수 있는 근거는 심
　　이 성과 정을 묘합妙合하고 있기 때문이지 어떻게 리로써 리를

묘합하는 것이 가능하겠는가?'라고 대답했다.

―『한주집寒洲集』부록 권1,「연보年譜」

이 인용문은 이진상의 문집인 『한주집寒洲集』의 연보에 기록
된 내용으로, 이진상이 40세 때 류치명과 논쟁했던 내용을 기록
한 것이다. 여기에서 정재는 심을 주재하는 것으로 '리'를 설정
하려는 이진상의 입장에 맞서, 심은 리와 기를 겸한 것이라는 입
장을 제기하고 있다. 심은 리와 기의 합이라는 말로, 여기에서 정
재는 '심은 기氣'라는 주자학의 일반론을 지지하고 있지는 않는
다. 그렇지만 동시에 이 말이 심즉리를 지지하는 것도 결코 아니
다. 정재는 심이나 명덕에 대해 지속적으로 '리기지합理氣之合'이
나 '겸리기兼理氣'로 설명하는 데, 이것은 심의 속성을 리나 기에
전적으로 부여할 수 없다는 입장을 말하고 있는 것이다. 이 때문
에 정재는 태극도와 성정도를 비교하는 글에서 성정에 대해 "성
정도性情圖는 그 속에 갖추어진 리만을 가리켜서 말하는 것이므
로 발하는 것에 차이가 있을 수 있다. 그러나 주리라고도 하더라
도 기가 따로 밖에 있는 것은 아니고, 혹 주기라고 하더라도 리는
그 속에 있다."라고 말한다. 이렇게 보면 정재는 '심겸리기'를
고수하고 있는 것으로 정리할 수 있다.

3) 류치명과 영남유학

앞에서 살펴본 것처럼 정재 철학은 대산의 기본 입장을 바탕으로 한다. 주자학과 퇴계학, 율곡학과 퇴계학 사이의 공통점과 차별성은 이후 퇴계학의 전승과정에서 다양한 프리즘을 형성하게 했다. 특히 율곡학과 퇴계학의 차별성에 무게 중심을 두고 이해했던 갈암의 입장은 '영남학파'의 수호와 '퇴계학'의 고유성 확보라는 관점에서 매우 중요한 역할을 했다. 이는 퇴계학의 프리즘이 어디까지 넓어질 수 있을지를 보여주는 대목으로, 이후 이진상을 통해 더욱 적극적으로 이론화 된다.

그러나 갈암의 철학은 당시 송시열과의 대척점에 서서 정치적으로 실각하는 과정에서 그의 이론 역시 내적으로나 외적으로 강한 비판에 직면하게 된다. 이론적으로 리의 주재성이나 자발성이 너무 강조되면서 리와 기가 '각발'에 가깝다는 비판을 띠었고, 이는 율곡학뿐만 아니라 퇴계학 내에서도 비판의 대상이 되었다. 대산은 바로 이와 같은 갈암의 입장을 변호하면서, 일정 정도 이론적 좌표에 있어서 율곡학과의 공통점을 따라 이행하는 모습을 보여주었다. 리의 주재성을 인정하는 관점은 유지하되, 리의 단독적 발함을 지양하고 철저하게 리기호발설 내에서 이와 같은 이론적 입장을 수용하고 있다. 동시에 심에 대한 규정에 있어서 기본적으로 리와 기의 합이라는 관점을 철저하게 유지하고 있다. 주자학의 원론으로부터 가능한 멀어지지 않으면서 퇴계학의 이론적 특징을 유지하려는 입장을 보여주고 있는 것이다.

정재는 바로 이러한 대산의 철학을 잇고 있다. 그 역시 기본적으로 '리기호발'이라는 관점에서 리발설을 인정한다. 그리고 리발의 의미에 대해서도 '기를 주재하는 정도'의 의미를 부여하거나 또는 사단과 칠정은 묘맥에 따라 리발과 기발 모두가 있다는 입장을 제기하는 정도에서 그친다. 리발과 기발 모두를 '고르게 이해'해야 한다는 사실을 강조하는 것은 이와 같은 이유에서이다. '리발일도'에 가깝게 리발설을 해석하고 있는 이진상과의 분명한 차이를 보여주고 있으며, 기발일도의 특징으로 요약되는 율곡학과도 차별성을 보여준다. 정재의 학설은 '리발일도'와 '기발일도'의 중간에 위치하고 있는 것이다.

이러한 입장은 심의 개념에 대해서도 동일하게 적용된다. 리발과 기발을 동시에 인정하는 '리기호발설'은 심을 '리와 기를 합한 것' 또는 '리와 기를 겸한 것'으로 이해하게 했다. 이러한 과정에서 '성발위정'의 논리는 미발의 성과 이발의 정을 나누어 이해하는 이론적 근거로 사용되고, 심통성정에서의 통은 주로 '통섭'과 '겸섭'으로 해석하는 경향을 보여준다. 그러면서 정재는 심의 속성에 대해 철저할 정도로 '합(겸)리기合(兼)理氣'라는 입장을 견지하면서, 심즉기心卽氣나 '심즉리心卽理'와는 차별성을 두려고 한다. 이와 같은 입장에서 '심즉기'는 심의 기氣적 측면만 본 편향된 것으로, 심즉리는 이러한 심즉기의 잘못을 고치려다 그 스스로 리의 측면에서만 보았다고 비판했던 것이다.

정재의 이론적 특징은 퇴계학의 특수성을 받아들이면서도 주자학의 일반론에서 벗어나지 않으려는 대산의 노력을 그대로 잇고 있는 것이다. 이진상이 실질적인 리발일도와 여기에 근거한 심즉리설을 제기함으로써, 퇴계학이 주자학과 다른 차이를 확연하게 보여주는 입장이라면, 정재는 퇴계학이 가진 차이를 주자학의 일반론 위에서 해석하려고 노력했던 것이다. 리발을 통해 선함의 능동성을 확보하려고 했던 퇴계의 철학을 극단으로 밀고가면서 심의 활동성 전체를 선과 연관시키려 했던 것이 이진상의 철학이라면, 심의 활동성 속에 들어 있는 악의 요소를 견제하면서 그 속에서 선한 본성을 유지시켜 가려 했던 것이 바로 정재의 심성론인 것이다.

이와 같은 정재학의 철학적 특징은 이후 안동을 중심으로 한 영남학파의 일반론으로 받아들여진다. 특히 정재는 폭넓은 직전제자와 재전제자 군을 만들어냄으로써, 영남학파의 이론적인 측면과 실천적인 측면에서 가장 표준적인 모습들을 보여준다. 또한 이러한 이론에 기반하여 다양한 척사위정운동과 의병운동을 전개함으로써, 실천적인 측면에까지 퇴계학을 적용시켰던 학맥으로 이해할 수 있다. 정재는 이처럼 당시 대부분의 주자학자들이 받아들일 수 있는 범주 내에서 퇴계학의 이론적 구조를 설정하고, 이를 기반으로 실천적인 철학들을 지향해 갔던 인물로 평가할 수 있으며, 이후 영남학파는 그의 영향 아래에서 학문적인 활동과 다양한 실천적 운동을 이어갔던 것으로 이해할 수 있다.

 주

1) 본 절은 필자와의 협의에 의해 이상호 박사의 논문을 정리하였다.

제3장 문자로 남긴 가학家學의 흔적들

정재종가에는 많은 고서와 고문서, 유물이 전해지고 있다. 그러나 과거에 몇차례 도난으로 인해 다수의 귀중한 자료들을 잃어버렸다. 현 종손은 조상의 때묻은 자료를 모두 지키지 못한 것이 크나큰 아픔이라고 한다. 종가에 반드시 남아있어야 하는 고서, 고문서들을 볼 수 없는 것은 여러모로 아쉬울 따름이다. 특히 정재가 여러 관직을 지내는 동안 제수 받은 각종 교지류, 여러 문인과 지인들에게 받은 간찰, 그가 지은 수많은 저술서의 초고본들은 그의 지대한 학문적 업적이나 조선 후기 대학자로서의 명성에 비해 남아 있는 것이 턱없이 부족한 형편이다.

그러나 조상들의 때가 묻은 또 다른 자료들은 더 안전한 보관과 활용을 위해 잠시 종택에서 한국국학진흥원에 기탁해놓았다. 처음 한국국학진흥에 기탁한 자료는 고서 2,089책, 고문서 505점, 목판 1,071장, 현판 8점, 기타 2점 등 총 3,675점이다. 또한 2015년에도 고문서 54점, 서화류 20점 등 74점을 추가로 기탁하였다. 전승되어 오는 자료의 대부분은 조선 후기에서 근대에 이르는 동안 정재의 선대를 비웃하여 정재와 그의 자손들이 직접 작성했거나 당대에 형성된 자료들이다. 이들은 조선 후기 영남지역에서 대표적인 인물들의 교류 등과 같은 문중의 내력이나 역사뿐만 아니라, 조선 후기 사회 전반적인 제도와 생활 풍습과 양상을 알 수 있는 귀중한 자료들이다.

자료 중 고서에는 정재의 문집을 간행하기 위해 후손이나 문인들이 교정한 필사본을 비롯하여 정재가 직접 지은 성리학 관련 저술서가 남아 있다. 고서는 성리서, 경서, 문집, 역사서, 초학서, 법서 등 다양한 주제 유형의 자료가 있으며, 그 중 문집류가 가장 많다. 문집은 대부분 정재가 지은 각종 서문, 발문 등이 수록된 영남의 주요 인물의 문집이다.

고문서는 교지, 각종 치부기, 시문, 제문 등이 있다. 특히 대평大坪 마을의 계안, 만우정晩愚亭 관련 계안과 좌목座目, 치부기 등은 정재의 학맥 형성과 지방 사회사를 파악할 수 있는 자료들이다. 기타 유물로는 류치명의 문집을 간행할 때 제작된 목판을 비롯하여 종가나 만우정의 현판들이 전승되고 있다.

1. 가학의 전범으로 삼았던 고서

　　『정재선생문집』을 간행하기 전에 작성한 교정본 49책이 있
다. 『정재선생문집』은 그의 아들 류지호柳止鎬(1825−1904)와 제자
였던 이돈우李敦禹(1801−1884), 권연하權璉夏(1813−1896), 김흥락金興
洛(1827−1899) 등이 종가에 전해 내려오던 초고 형식의 유고를 바
탕으로 편집과 교정 과정을 거쳐 1881년 정고본을 완성하였다.
문집의 판각은 현 안동 길안면 황학산黃鶴山에 위치한 용담사龍潭
寺에서 이루어졌다. 1883년 7월에 36권으로 간행하였고, 8년 후
(1891)에 속집 12권과 부록 5권을 간행하였다. 그래서 『정재선생
문집』은 총 27책이며 2,130판으로 간행되었다.

『정재유고』

『정재선생문집』 책판

1861년, 정재 사후 얼마 지나지 않아 문집을 간행하기 위해 후손과 문인들이 본격적으로 움직이기 시작하였다. 『정재선생문집』을 간행하기 위해 그가 남긴 방대한 글들을 찾아 편성하고 교정하기 일들을 위해서 많은 인력이 참여할 수밖에 없었다. 연보를 보면 1867년부터 1881년까지 서산西山 김흥락金興洛, 우고雨皐 김도행金道行, 정와訂窩 김대진金岱鎭, 긍암肯庵 이돈우李敦禹, 신암愼庵 이만각李晚慤, 이재頤齋 권연하權璉夏, 복재復齋 강건姜楗 등이 참여한 것으로 기록되어 있다. 그리고 교정은 주로 정재의 만년 강학 공간이었던 만우정에서 이루어졌다. 이렇듯 정재의 후손과 문인들은 문집 간행을 위한 여러 차례 편집과 교정의 과정을 거쳤고, 1881년에도 문인들이 다시 교정, 산삭의 작업을 거쳐 정고본을 완성하였다. 석간石澗 서효원徐孝源이 1883년에 안동 용담사에서 간행에 참여하여 중론을 조정했다는 기록도 있다. 그리고 용담사에서 판각하여 1883년에 최종 간행하였다.

정재는 평생 동안 많은 저술을 남겼고, 그 중 현재 초고 필사본으로 전하는 것으로 『주절휘요朱節彙要』, 『독서쇄어讀書瑣語』, 『가례집해家禮輯解』 등이 남아 있다. 『주절휘요』는 24세일 때 주희朱熹의 『주자대전』과 퇴계 이황의 『주자서절요朱子書節要』를 요약하여 저술한 것으로, 2책의 필사본이 전해진다. 책의 구성은 권1은 도체편道體篇으로 '태극太極－도道－이理－도기道器－이기理氣－음양陰陽－성性－인仁－인심도심人心道心－심성정心性情－

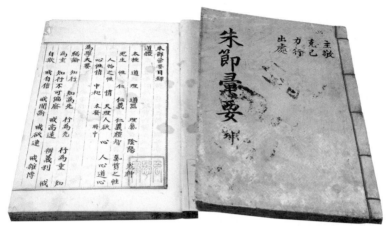

『주절휘요朱節彙要』 필사본

중화中和' 등의 항목, 위학대요편爲學大要篇으로 '총론ー지행知
行ー계고원戒高遠ー변의리辨義理ー반구저기反求諸己ー구인求仁ー
집의양기集義養氣' 등의 항목 설명이 있고, 권2는 궁리편窮理篇으
로 '총론ー독서궁격활법窮格活法' 등의 논술이 있다. 권3은 주경
편主敬篇으로 '총론ー조존操存ー함양ー성찰ー동정교양動靜交養ー
거경궁리居敬窮理' 등을 서술하고 있다.

　　그리고 58세에 저술한 『독서쇄어』의 필사본이 있다. 그는
사서四書를 읽고 자신의 견해 중 핵심적인 것들을 이 책을 통해서
밝혔는데 사서에 대한 선생의 자습서인 셈이다. 이 책은 그의 성
리설과 수양론을 포함한 경학 사상을 확연하게 밝혀 정재의 경학

『독서쇄어讀書瑣語』 필사본

사상을 이해하는 데 중요한 의미를 지닌다.

　　정재는 많은 문인들을 양성하고 영남학파의 중심에 서서 여러 사람들로부터 서문序文, 발문跋文이나 묘갈명墓碣銘, 행장行狀 등의 글쓰기를 청탁받았다. 이때 지은 많은 글들이 해당 문집의 간행 후 정재종가에 반질되었으며, 그 내용이 고스란히 수록된 문집이 전해지고 있어서 그의 폭넓은 학맥과 교류활동을 볼 수 있다. 『정재집』에 수록된 내용을 보더라도 서발류序跋類와 묘도 문자 등의 글은 상당히 많은 양을 차지한다. 묘갈명만 87편, 행장이 33편이나 된다. 이 중 전해지는 문집은 다음과 같다.

　　『광산세고光山世稿』(이경유李景裕 등), 4권 2책
　　『극재집克齋集』(신익황申益幌), 6권 3책

『금호세고琴湖世稿』(김헌락金憲洛 등), 4권 2책

『뇌고집雷皐集』(손여제孫汝濟), 2권 1책

『동계집東溪集』(조형도趙亨道), 2권 1책

『동호집東湖集』(변영청邊永淸), 2권 1책

『옥봉집玉峯集』(권위權暐), 4권 2책

『죽각집竹閣集』(이광우李光友), 2권 1책

『죽림실기竹林實紀』(권산해權山海), 2권 1책

『지애집芝厓集』(정위鄭煒), 8권 4책

『지촌집芝村集』(김방걸金邦杰), 4권 2책

『추천집鄒川集』(손영제孫英濟), 2권 1책

『학림집鶴林集』(권방權訪), 11권 6책

『약중편約中篇』(이상정李象靖), 1책

『두암집斗庵集』(김약동金若鍊), 10권 5책

『안분당문집安分堂文集』(정사鄭師), 1책

다음은 정재가 병상에 누워서부터 임종할 때까지 100여 일 동안 문인들의 병문안 기록과 병세, 이후의 행례 과정을 기록한 『고종일기考終日記』가 있다. 일기의 일부를 인용해보면 다음과 같다.

7월 20일쯤을 전후하여 병의 증세가 차츰 나타났다.
9월 초9일에는 체한 듯한 기미를 보이며 심한 설사를 보였다.

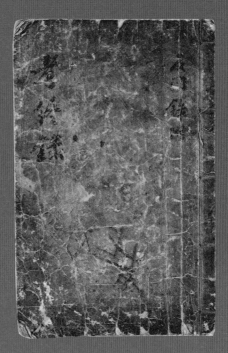

考終日記

柳致淑

辛酉七月念間先生患候有添節蓋先生享大耋之
年而精力尚健旺逐日冠中應酬不倦自訓誨生徒
以至書疏裁寫未嘗少廢前年夏秋以後有頭眩眼
書等證轉成怒候至是煞有添劇之節
八月十一日因輪氣近通移次晚愚喜三從弟致任
致厚等從之留十餘日氣力稍復有時風靜日煖少
出庭除閒周覽左右花木玩賞含口泉居悠然有安
閒淸適之意○服養元湯十貼
三十日撤歸子本第一日命孫男淵博搜取家先誌

9월 11일에는 감기에 걸려 기침을 계속해서 하였다.

9월 17일에는 증세가 점차 심해졌다.

9월 20일에는 설사가 심해지고 가래와 심한 기침을 하였다.

9월 21~22일까지는 병세가 더욱 심해져 위독한 상황도 있었다.

9월 23일부터 29일까지는 점차 증세가 회복되었다.

9월 30일부터 다시 증세가 악화되어 설사와 기침, 가래, 부기가 생겼다.

10월 4일에 이르러 병세가 더욱 심하여 앉지를 못하였다.

10월 6일 새벽에 많은 후손들과 문인들이 지켜보는 가운데 운명하셨다.

7월 20일 병의 증세가 조금 나타났으며 몇 차례 병세가 호전되었지만, 10월 6일 운명하였다. 이 일기에는 정재가 하세하기 직전까지 병의 발단과 증세, 병의 회복, 문인들의 문병, 운명하는 과정 등이 자세히 기록된 매우 중요한 자료라고 할 수 있다. 일기의 말미에는 300여 명의 문인록門人錄도 부기되어 있다.

기타 전해지는 자료 중 문중의 내력과 역사를 알 수 있는 자료로 필사본 『가선세적家先世蹟』 1책이 있다. 『가선세적』은 정재의 아버지 류회문柳晦文, 정재의 아들 류지호柳止鎬, 손자 류연박柳淵博(1844-1925)의 유사, 제문 등이 수록되어 있다.

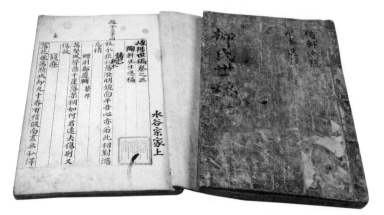

『류씨세고柳氏世稿』

　그리고 4권 2책의 필사본 『류씨세고柳氏世稿』는 수곡의 전주 류씨 가운데 주요 인물의 문자를 모아 수록한 것이다. 권1은 류의손柳義孫(1398-1450)의 『회헌선생일고檜軒先生逸稿』, 권2는 류복기柳復起(1555-1617)의 『기봉선생일고岐峯先生逸稿』, 권3과 권4는 류우잠柳友潛(1575-1635)의 『도헌선생일고陶軒先生逸稿』가 수록되어 있다. 앞부분에 1세 류습柳濕으로부터 18세인 정재까지의 세계도가 있다.

　『춘방록春坊錄』은 류관현이 1735년에 사도세자의 시강원을 제수받고 벼슬에 나아가 경연에서 보고 들은 것, 여러 대신들과 나눈 이야기들, 그날그날의 동정과 정사 등을 기록한 일기이다.

　부록에는 '춘방독번시달사春坊獨番時達辭'와 '역도촬요易圖撮

『춘방록春坊錄』

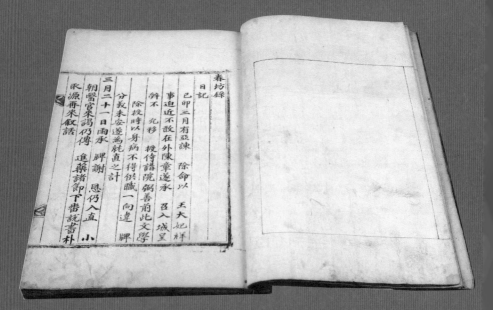

『천의소감闡義昭鑑』

要' 등을 간추려서 기록하였다. 춘방독번시달사는 세자가 감기로 경연을 폐하자 약 복용도 중요하지만 정신적 건강을 강조하면서 경연에서의 공부를 권유한 내용이다. 역도촬요는 세자에게 『주역』을 강론하면서 잘 이해하지 못하고 혼란스러워하자 여러 선유들의 설을 정리하고, 하도河圖, 낙도洛圖, 복희팔괘伏羲八卦 등을 도식화하고 통론通論으로 결론을 내린 것이다.

그리고 중요한 고서로는 4권 3책의 목판본으로 간행된 『천의소감闡義昭鑑』이 전한다. 이 책은 영조의 왕명에 의해 1755년 왕세자 책봉의 의의를 밝힌 것이다. 세자 책봉을 에워싸고 주위에서 일어난 갖은 음모와 풍파가 매우 심각하여 당시 역사적인 사실을 적어 후세에 남겨 하나의 교훈으로 삼기 위해 만들어진

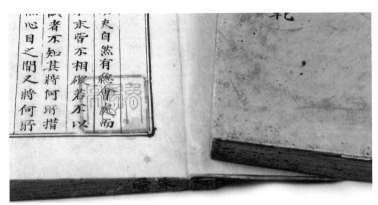

'만우정晩愚亭' 장서인藏書印

책이다. 당시 노론과 소론가의 당쟁 양상뿐만이 아니라, 영조의 탕평책 성립과 그 전개 과정도 살펴볼 수 있다. 『대전회통大典會通』은 6권 5책의 목판본으로 『대전통편大典通編』 체제 이후 정치 사회적인 문란과 폐단 등을 수습하기 위해 사회 전 방면에 개혁이 요청되어 만들어진 통일 법전이다.

  이외에도 『자치통감강목資治通鑑綱目』, 『결송장보決訟場補』, 『이정전서二程全書』, 『주자대전朱子大全』, 『창려집昌黎集』, 『홍범연의洪範衍義』 등 역사서, 성리서 등 다양한 장르의 고서들이 전해 내려오고 있다. 대부분의 고서에는 '만우정晩愚亭'이라는 장서인이 찍혀 있다.

2. 일상의 편린을 담은 고문서古文書

일반적으로 고문서는 유일본으로서 생활사나 사회사 연구에 중요한 자료로 활용된다. 정재종택에서 내려오는 고문서류는 모두 559점이다. 이들 문서는 유형별로 교지, 소지, 간찰, 계안, 치부기류, 시문, 제문 등이 다양하게 전해지고 있다. 주로 류치명柳致明－류지호柳止鎬－류연박柳淵博으로 이어지는 3대의 자료들로 구성되었다. 교지는 2종으로 정재의 고조부인 류관현柳觀鉉이 1742년 통덕랑에 승계된 증직 교지와 1860년 7월 정재가 동지춘추관사를 제수 받았을 때 발급받은 교지가 전해진다.

특히 132점의 성책류 중에는 조선 후기 만우정晩愚亭을 중심으로 정재의 후손과 문인 등에 의해 형성된 각종 계안楔案과 좌목

〈동지춘추관사同知春秋館事 교지〉

座目들이 많이 남아 있어 당대 정재문중의 교류와 계의 형성 등 향촌 사회의 네트워크를 파악할 수 있다.

정재 문중을 중심으로 한 계의 조직은 1827년 「대평약안大坪 約案」을 시작으로 형성되기 시작하여 1861년 정재의 사후에도 계속해서 확대되었다.

특히 1855년에 세운 정재의 말년 강학 공간이었던 만우정을 중심으로 형성된 계의 규약과 계원 등이 기록된 각종 계안과 좌목에 의하면, 문중을 중심으로 정재의 문인이나 후손들이 계에 주도적으로 참여하여 근세에 이르기까지 향촌사회의 중요한 조

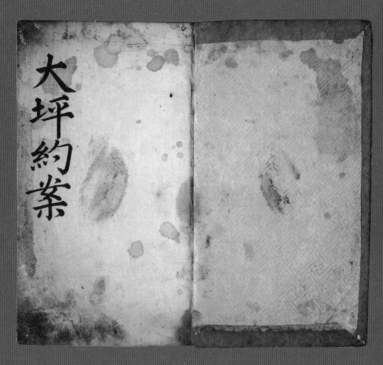

「만우정임록晚愚亭任錄」

大坪約案 丁亥正月 日

柳蘊文 輝玉 庚戌 完山人
柳致亮 德明 辛亥 完山人
柳致說 天弼 壬子 完山人
柳致愽 聖誘 癸丑 完山人

직으로 발전해나갈 수 있었음을 알 수 있다.

만우정 관련 계안은 「만우정심진계계첩晩愚亭尋眞楔楔帖」, 「만우정임록晩愚亭任錄」, 「만우정심진계첩晩愚亭尋眞楔帖」, 「만우정약안晩愚亭約案」, 「만우정유계안晩愚亭儒楔案」, 「만우정중수계안晩愚亭重修楔案」 등 20여 점에 이른다.

간찰은 정재를 비롯하여 정재의 증조부 류통원柳通源, 아버지 류회문柳晦文, 아들 류지호柳止鎬의 간찰 일부가 전해지고 있다. 특히 2책의 「정재수묵定齋手墨」과 「정재선생수묵定齋先生手墨」이 전하는 데 정재가 평소에 수수했던 간찰과 글들을 모아 편철하였다.

「정재수묵」은 정재가 평소 내왕하던 친척과 벗들에게 보낸 간찰을 모은 첩帖이다. 임오년壬午年(1822) 5월 24일 김진사金進士에게 보내는 간찰을 시작으로 무술년戊戌年(1838) 4월 10일 금계金溪로 보내는 간찰, 기해년己亥年(1839) 8월 11일 외구外舅에게 보내는 간찰, 신축년辛丑年(1841) 3월 7일 종형從兄에게 보내는 간찰, 을미년乙未年(1835) 9월 22일 매제妹弟에게 보내는 간찰, 임인년壬寅年(1842) 11월 27일 안동 소호蘇湖 표종숙表從叔께 보내는 간찰, 병오년丙午年(1846) 4월 22일 신성포申星浦에게 보내는 간찰, 경자년庚子年(1840) 2월 3일과 6월 19일에 계원契員들에게 보내는 간찰 등 총 14통이 수록되어 있다. 일상적인 안부와 계절 인사, 계회契會의 기쁨 등을 토로하는 내용이 주류를 이룬다.

「정재수묵定齋手墨」

「정재선생수묵」은 정재의 글씨와 간찰, 논설문論說文, 묘갈
명墓碣銘 등을 모아놓은 필첩筆帖으로 정제엄숙整齊嚴肅 1폭, 지사
불망재구학용사불망상기원志士不忘在溝壑勇士不忘喪其元 2폭, 중산
체좌집사中山棣座執事 1수, 중산정사회납中山靜史回納 1수, 만이유
지우당종사어경晚而有志尤當從事於敬 9조條, 중산체안주사中山棣案做
史 1수, 옥루서탑회정玉樓樓榻回呈 1수, 중산체안주사中山棣案做史 1
수, 중용귀신장설中庸鬼神章說 1수, 우론귀신장설又論鬼神章說 1수,
본출어조호득화평, 처사황공묘갈명병서處士黃公墓碣銘幷序 등 12
편이 수록되어 있다. 후반부에 정재 사후 7년이 지난 무진년戊辰
年(1868)에 문인 황란선黃蘭善이 필첩을 제작하기까지 일련의 내력
을 수록한 발문跋文이 부기되어 있다.

제4장 정재종가의 생활문화

1. 정재종가의 건축물

정재가의 소통 공간, 정재종택

안동시내에서 영덕방향으로 국도를 따라 약 20km쯤 가다보면 창연한 임하호의 전경을 마주하게 되고, 그 근처에 정재종택이 있다. 종택은 1735년에 정재의 고조부가 되는 양파 류관현이 건립하였으며, 1985년에 경상북도 기념물 제170호로 지정되었다. 그리고 본래 임동면 수곡2동 1096번지에 있었으나 임하댐 수몰로 인하여 1987년 지금의 위치로 이건하였다. 수몰지구에 있었던 많은 전주류문들이 이거하면서 각지로 흩어졌지만, 정재종택이 이곳으로 이거한 것은 바로 정재의 묘소가 근처에 있었기 때

정재종택 전경

문이다. 현재 이곳에는 종택을 비롯하여 사당과 만우정이 있다.

정재종택의 건물 구조는 크게 대문채, 정침, 행랑채, 사당으로 배치되어 있다. 대문채는 정면 5칸, 측면 1칸으로 되어 있다. 정침은 전형적인 口자형으로 정면 6칸, 측면 6칸의 기왓집이다. 행랑채도 정면 7칸, 측면 1칸이다. 또한 사당은 정면 3칸, 측면 2칸이다.

정침에는 종택의 역사를 상징할 수 있는 '양파구려陽坡舊廬', '정재定齋', '세산洗山' 등의 현판이 게판되어 있다. 게판되어 있는 세 현판은 정재가를 읽을 수 있는 중요한 키워드이다. 우선 '양파구려'는 이 집을 처음 건립한 양파陽坡 류관현柳觀鉉(1692-1764)의 호를 딴 것으로 양파의 옛집이라는 의미이다. 양파는 정재의 직계 고조부로서 형이었던 용와를 대신하여 가산을 늘리고 가계를 반석에 올린 인물이다. 특히 그는 자제들에게 "천하에 걸잡기 어려운 것이 바로 이利에 끌리는 욕심이니, 각별히 경계해야 한다."라고 하며, 아이들에게 육류를 먹이지 말 것을 당부하기도 했다.

그리고 '정재定齋'라는 현판은 류치명의 호를 딴 것으로 글씨는 김진화金鎭華(1793-1850)가 썼으며, '세산洗山'은 정재의 아들 류지호의 호를 딴 것이다. 류지호柳止鎬(1825-1904)는 자가 원좌元佐, 호가 세산洗山이며 정재의 아들이다. 1873년에 음보蔭補로 감역監役에 제수되었고, 장악원주부掌樂院主簿, 사헌부감찰司憲府監

〈양파구려陽坡舊廬〉 현판

〈정재定齋〉 현판

〈세산洗山〉 현판

정재종택 사랑채

察, 정릉령靖陵令, 종묘서령宗廟署令 등을 지냈다. 그리고 외직으로 신창 현감新昌縣監을 비롯하여 1882년 12월 29일에 간성 현감杆城縣監을 지냈고, 이후 연천 군수蓮川郡守, 장기 현감長鬐縣監, 돈녕도 정敦寧都正을 지냈다. 1902년에는 이품二品에 올라 중추원관칙임관中樞院官勅任官을 역임했다.

1895년에 10월에 을미사변이 일어나자, 12월부터 그 이듬해 초가을까지 전국적으로 의병이 일어났다. 안동은 비교적 이른 시기였던 1895년 12월 초부터 의병활동의 조짐이 있었다. 또한 12월 30일에 전국적으로 단발령이 공포되고 1896년 1월 11일 안동에도 단발령 명령서가 도착하자, 1월 13일부터 의병의 진작을 알리는 통문이 유림에서 향교나 서원을 중심으로 돌기 시작하였다.

가장 먼저 작성된 통문은 1월 13일에 작성된 「예안향회통문禮安鄉會通文」이다. 이틀 뒤인 1월 15일에는 청성서원과 경광서원 이름의 「청경통문青鏡通文」이 돌았고 같은 날 「청경사통青鏡私通」과 「삼계통문三溪通文」이 나왔다. 1월 16일에는 호계서원에서 나온 「호계통문虎溪通文」이 발송되었다. 이러한 통문은 주로 의병이 일어나야 하는 당위성과 창의를 권면하는 내용이었다. 이외에도 1895년 12월에 권세연權世淵이 창의대장으로서 격문을 돌리면서 더 적극적으로 의병이 일어나 강한 투쟁을 대외에 공포하는 「안동격문安東檄文」, 「청경사통青鏡私通」, 「안동하리통문安東下吏通文」, 「안동의병소통문安東義兵所通文」 등이 있었다.

세산洗山은 호계서원의 전임 원장이었던 김흥락金興洛을 비롯하여 현 원장 김도화金道和, 류도성柳道性 등과 함께 「호계통문虎溪通文」을 발의하였다. 이들은 안동 봉정사에 모였고, 세산은 1895년 12월에 안동부 삼우당에서 김흥락을 비롯한 여러 유림들과 함께 닭실마을의 권세연을 안동의진 대장으로 선임하는 데도 참여하였다. 권세연, 김도화는 정재 문인이다.

그리고 세산의 아들 류연박柳淵博(1844-1925)은 자가 경심景深, 호가 수촌水村이며, 안동의진에 참여했던 류지호의 아들이다. 그는 김흥락金興洛의 문인으로 1882년 과거에 합격하여 진사가 되었다. 1895년 명성황후 시해와 단발령 등으로 전국적으로 의병 항쟁이 일어나자 그는 안동의진에 참여하여 나라를 구하고자 하였다. 그가 전투에 나섰다는 기록은 없으나, 안동의병소의 파록爬錄에서 활동하고 있었던 사실을 확인할 수 있다. 이후 류연박은 1919년 3월에 제 1차 유림단의거하고 할 수 있는 '파리장서의거' 에 유림의 한 사람으로 서명하여 그해 4월 12일 체포되었다. 1995년에 건국포장이 추서되었다.

종택의 사랑채 내부에는 정재가 직접 지은 '명당실소설名堂室小說' 과 이재頤齋 권연하權璉夏(1813-1896)가 지은 '경서정재명당실후敬書定齋名堂室後' 라는 현판이 각각 게판되어 있다. 정재가 자신의 당호를 '정재' 라고 짓고 자신이 거처하는 방을 '반구암反求庵' 으로 명명한 것은 '명당실소설名堂室小說' 에 잘 나타나 있다.

사물이 각각 있어야 할 곳에 있어야 천하가 안정될 것이다. 인仁과 경敬에 그쳐 있어야 군신의 관계가 안정되고, 효도와 자애에 그쳐 있어야 부자의 관계가 안정되며, 믿음에 그쳐 있어야 붕우의 관계가 안정된다. 이것이 성인께서 천하를 하나로 움직인 것이다.

자사子思는 "군자는 자신의 지위를 평안히 여겨 그 지위에서 전력을 다해 행하고, 그 외에 다른 것은 바라지도 않는다."라고 하였다. '자신의 지위를 평안히 여긴다.' 는 것이 바로 그침이다. '바깥을 바라지 않는다.' 면 곧 안정된다. 그러므로 "군자는 평안한 지위에 거처하여 천명을 기다린다."라고 하였다. 안정하는 것을 두고 하는 말이다. 그러므로 나의 서재를 '정재定齋' 라고 이름하였다. 정定은 곧 그침[止]이다. 그침에 도가 있

으니, "군자는 돌이켜 자기 몸에서 원인을 찾는다."라고 하였
다. 그래서 또한 나의 방을 '반구암反求庵'이라고 이름하였다.

　자신의 당호를 '정재'라고 지은 것은 『대학』에서 "만물이
각기 제자리에 머물게 되면 천하가 바르게 안정된다."라는 말에
서 따온 것인데, 여기에 "자기가 처해 있는 평소의 삶에 충실할
뿐 그 외의 것은 바라지 않는다."라는 『중용』의 문구를 더하여
'정定'의 의미를 설명하면서 당호로 정하였다. 이렇게 당호 하나
에도 인생의 목적을 지향해가는 선비의 진지한 모습을 엿볼 수
있다.

　정재 사후에 정재종택은 문중의 소통 공간으로서의 역할뿐
만이 아니라, 사회적 기능을 한 공간이기도 하다.

　일제강점기에는 근대식 중등교육기관인 협동학교로 운영되
었다. 본래 협동학교는 1907년에 안동 임하면 천전리에 있던 가
산서당可山書堂에 독립운동가로서 『대동사大東史』를 저술한 동산
류인식柳寅植(1865−1928)·하중환河中煥·김후병金厚秉이 설립한
계몽학교였다. 교육과정은 3년제 중등과정이었으며, 본과 진학
을 위한 예비반도 개설하였다. 김병식金秉植이 초대 교장을, 실질
적인 교육은 김동삼金東三이 맡았다.

　그러던 중 1910년에 한일 병합조약이 체결되어 나라가 무너
지자, 협동학교를 실질적으로 운영하고 있던 김대락·김동삼이

협동학교 제3회 졸업식

무장투쟁을 위해 새로운 길을 모색하게 된다. 이들이 만주로 망
명하여 협동학교를 계승한 신흥무관학교를 설립하는 등 일대 전
환을 하게 된다. 그래서 1912년에 협동학교를 다시 임동면 한들
[수곡리] 마을의 정재종택으로 교사를 옮겨 계몽운동을 이어갔다.
1919년에 이 학교에서 임동면 3·1운동을 주도하면서 결국 강제
로 폐교되는 아픔을 겪었다. 이 학교는 계몽운동과 민족교육의
산실로서 많은 사람들이 독립운동에 참여하는 매개 역할을 한 역
사의 현장이기도 했다.

지식의 산실, 만우정晩愚亭

만우정은 정재가 하세하기 4년 전인 1857년에 건립한 정자이다. 그는 80세의 노구임에도 불구하고 한 시대의 사도師道를 자임하며 만우정에서 후학 양성과 창작저술 등을 통해 왕성한 학술활동을 하였다. 그가 만우정에 얼마나 많은 애착을 갖고 있었는지는 자신이 문답식으로 지은 기문에서 느껴볼 수 있다.

어떤 이는 또 이렇게 말한다. "그 구역이 첩첩한 산봉우리 속에 끼어 있어 마음을 열어젖힐 수 없고 강기슭 위에 있어 멀리까지 시야를 틔울 수 없거늘, 무슨 좋은 것이 있다고 취하여 은둔하신 일을 수고롭게 적는단 말인가?"

주인은 이렇게 답한다. "사람의 기호와 숭상은 각각 자기 역량에 기준하는 법이다. 주인이 평생 생각하는 바는 보통의 행실을 벗어나지 않고 업으로 삼는 바가 단지 점필佔畢에 있다. 구름 위로 솟아날 듯한 기운이나 세간 사람의 수준을 훌쩍 뛰어넘는 재주도 없다. 다만 졸렬하기 짝이 없는 서생일 따름이다. 지금 은둔처를 짓는 것 또한 기력을 내고 두루 탐사하여 지역을 고르지 못하고, 다만 여러 동생들로부터 계책을 듣고 친척들에게 판단을 의지하였으며, 친구들이 비용을 도와주고 이웃들이 노동력을 제공하여 터를 고르고 집채를 얽으매 남에게

일임하였을 뿐 스스로는 노력하지 않았다. 게다가 터가 집과
떨어진 것이 가까워서 편하고 경계가 그윽하고 깊으며 마치
껴안듯이 둘러싸여 있어 눈과 귀가 번잡하지 않다.

자리 잡은 터가 조금 높아 안개와 구름이 감싸고 보호한다. 섬
돌을 따라서는 작은 개울이 졸졸 흐르고, 구조는 양쪽의 암벽
이 대치하고 있다. 걸려 있는 폭포가 골짜기 어귀에서 소리를
울리고 밝은 모래가 눈 아래 깔려 있다.

강물의 흐름은 때로 숨기도 하고 드러나기도 하며, 갈매기와
해오라기는 잠깐 날았다가 내려앉기도 한다. 우러러보면 약수

藥崗가 하늘을 버티고 있고 봉화의 연기가 평안함을 알린다. 굽어보면 민가가 기슭 건너에 있어 잇따른 불빛이 마치 별이 늘어선 듯하다. 이것이 산에 사는 정취이다.

장차 연못을 뚫어 물을 끌어들여 출렁이는 맑은 물에 은구銀鉤를 띄울 것이고, 키 큰 대나무를 집에 둘러 달을 희롱하고 맑은 소리를 울리게 할 것이다. 또 철쭉을 길러 산마다 씨앗을 심고 복숭아나무, 살구나무로 뜰을 가득 채울 것이니, 이것이 어찌 붉고 푸른 암벽과 맑고 푸른 물결이 승경을 이룬 곳만 못하겠는가?'

그러자 어떤 이는 말하였다. "정자라는 것이 둥그렇게 높고 커서, 방 두 칸을 만들어 한쪽 구석에 자리 잡게 하고, 당堂 네 칸을 만들어 서로 칸막이를 치지 않아 졸렬하고 간략한 손실이 있다. 그러므로 종유從遊하는 이들을 거처케 하고 노소의 사람들을 편하게 하기에 적합하지 않다. 어떻게 하겠는가?'

주인은 이렇게 답하였다. "한결같이 간성簡省을 따르는 것은 공사를 시작할 때 이미 세웠던 계획이다. 옛날 재목을 그대로 사용한 것은 통나무를 쪼는 수고를 없게 하려는 것이고, 옛 제도를 그대로 따른 것은 다시 바꾸는 것이 확장하는 데 번거롭기 때문이다. 비록 평소의 숭상하던 것과는 어긋났지만 역시 졸렬함을 추구하였다. 다행스럽게도 질병이 조금 나아 견여肩輿를 타고 산으로 들어가니, 친척과 벗들이 모여들어 평소의 회포를 말하고 상마桑麻에 대해 이야기한다. 또한 간혹 관문關門에서 손님에게 읍하고 경계가 고요하고 적막하다. 그래서 옛 책 속에서 정신을 노닐며 조용히 완상하고 뜻을 풀어 보아, 마치 백년 천년 뒤에 윗사람의 소매를 친히 받들고, 음성과 취지를 직접 듣는 듯하다."

만우정에는 응와凝窩 이원조李源祚(1792-1871)와 대원군이 쓴 현판이 있었으나, 지금은 응와가 쓴 현판만이 게판되어 있다. 이 정자는 정재의 건립 취지에 맞게 많은 후학이 이곳에서 수학하였고, 사후에도 정재의 문집 교정 및 간행 작업이 이루어진 공간이다.

그 이듬해(1858) 7월에는 동암 류장원이 편찬한 『사서찬주증보四書纂註增補』를 교정하기도 했다. 동암은 생전에 몇 종의 예학 관련 저서를 비롯하여 다양한 저술을 남겼다. 특히 후학들이 쉽게 사서의 주석을 참고할 수 있게 『사서찬주증보』 30권과 『사서소주고의四書小註考疑』 20권을 집필하여 초학자들의 연구에 보배로운 길잡이가 될 수 있게 했다. 정재는 동암이 생전에 편찬하였으나 당대 간행하지 못한 것을 한스럽게 여기고, 류치암과 류치유 등과 함께 노구의 몸을 이끌고 교정 작업을 진행하였으나, 끝내 완성을 보지는 못했다.

2. 정재종가의 가양주

    종가에서 가장 중요하게 여기는 의식이 바로 봉사奉祀와 접빈接賓이다. 이런 의식을 진행하기 위해서 각 종가마다 다양한 문화가 만들어졌다. 제의祭儀를 행하기 위해서는 음식[祭需]이 중요한 요소가 된다. 어느 종가이든 그 종가마다 대대로 계승되는 독특한 식문화를 가지고 있다. 안동은 음식을 반가의 독특한 문화로 여기로 그것을 대대로 전승하였고, 특히 이를 기록으로 남기기 위해 음식조리서를 편찬하기도 했다.

    그 대표적인 것이 바로 1540년 경에 탁청정濯淸亭 김유金綏(1491－1555)가 편찬한 『수운잡방需雲雜方』이다. 그리고 경당 장흥효의 따님인 장계향張桂香(1598－1680)은 400년 전에 『규호시의방閨

壺是議方[음식디미방]』이라는 한글조리서를 남기기도 했다. '수운需雲'은 연회를 성대하게 베풀어 즐기는 것을 의미하는 데, 그는 반가의 격조있는 접빈을 위해 이에 걸맞는 술과 음식을 만들 수 있게 조리서를 편찬했던 것이다.

정재 역시 마찬가지다. 오늘날 우리 주위에는 쉽게 구할 수 있는 양질의 다양한 술이 많다. 하지만 지난 수 세기 동안 정재종가에서는 선대로부터 전승받은 가양주를 선조들이 그랬듯이 지금도 봉사와 접빈을 위해 정성껏 빚어오고 있다.

지난 수 세기 동안 정재종가에서는 가양주家釀酒의 하나로 송화주松花酒를 대대로 빚어 제사의 제주祭酒로 쓰거나 손님을 접대하는 술로 주안상을 준비하였다. '송화주松花酒'라고 하면 소나무의 꽃이나 꽃가루를 재료로 빚는 술로 의미상 쉽게 이해할 수 있는 데, 사실은 그렇지 않다. 정재종가에서 대대로 빚어온 송화주는 술을 빚기 위한 여러 재료 가운데 솔잎과 국화꽃이 첨가되기 때문에 '송화松花'의 의미를 갖게 되었다. 정재종가의 송화주는 1993년에 '경상북도무형문화재 제20호'로 지정받았다. 비교적 이른 시기에 전통 문화적인 가치를 인정받은 셈이다.

경상북도에는 대대로 이어져 내려온 가양주가 무형문화재로 인정받고, 그것이 상품으로 제조되어 일반인들이 맛볼 수 있는 몇 종의 술이 있다. 하지만 정재종가의 송화주는 언론이나 소문을 통해 그 존재를 알고 있지만, 이 술을 쉽게 접할 수 있는 기회를 갖기가 어렵다. 본래 종가의 5대 종부였던 이숙경이 선대로부터 제조법을 익혀 전수해오다가 1993년에 경상북도로부터 송화주를 무형문화재 제20호로 인정받았고, 1997년 12월 21일에 이숙경이 돌아가시자, 1999년 4월 26일에 김영한(6대 종부)이 기능보유자로 승계받았다.

사실 정재종가의 송화주가 언제부터 제조되기 시작했는지 문헌으로 남아 있는 기록이 없다. 다만 정재 생존 당시에도 이미 제주나 접빈용 술로 사용되었다고 구전으로 전해져 내려오고 있을 뿐이다. 하여튼 연중 수차례 행해지는 제사 의식과 많은 손님이 찾아오는 정재가의 환경으로 볼 때 매번 술을 구입해서 사용하기보다 특색있는 송화주를 제조하여 매번 용처에 따라 사용하

가양주 빚는 5대 종부 이숙경과 6대 종부 김영한

는 것이 어쩌면 더 편리했을 수도 있지 않을까 짐작해 볼 수 있다.

　　오늘날 우리사회에는 물질적 풍요와 편리성, 그리고 인스턴
트화로 인해 우리의 전통 식문화는 뒤편에 밀려서 거의 골동화
된 경우가 많다. 다행스러운 것은 근래에 한스타일이니 한류니
해서 그나마 우리의 전통 식문화가 주위 관심 권역으로 점차 들
어오고 있다. 선현들의 조리법은 숙성과 정성으로 제조되고, 완
성된 음식의 상차림을 통해 그 가문 사람들의 인품을 평가할 정
도로 격을 갖추고 있다. 그래서 정재가의 송화주는 조리법도 엄
격하지만 주안상 차림도 예사롭지 않다.

정재종가 주안상

　송화주는 침전주로서 청주淸酒의 일종인데, 제조법은 밑술 빚기, 덧술 빚기, 숙성과 술 뜨기 등 크게 세 단계를 거쳐야 송화주의 진맛을 음미해 볼 수 있다. 첫 번째 밑술 빚기에는 찹쌀, 멥쌀, 누룩, 물, 단지, 시루 등의 도구가 필요하다. 우선 찹쌀과 멥쌀을 깨끗하게 씻은 후, 이를 물에 불려고 멥쌀을 고들고들하게 찐다음 차게 식혀서 물과 누룩을 고루 섞어 손으로 비빈 후, 이를 단지에 담아 2일간 발효시킨다.

　두 번째 덧술 빚기에는 찹쌀, 멥쌀, 솔잎, 황국, 단지, 시루, 보자기 등의 도구가 필요하다. 황국은 종택 주위에 핀 꽃을 따서

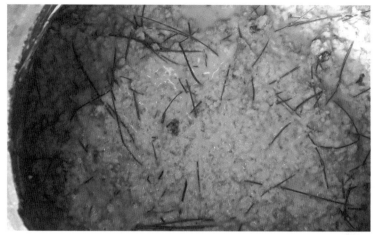

말려서 사용한다. 만약 시기적으로 황국을 채취하기에 어려울 경우에는 금은화金銀花[인동초忍冬草]를 사용하기도 한다.

먼저 시루 밑바닥에 솔잎을 조금 깔고, 미리 씻어서 불려둔 찹쌀과 멥쌀을 넣고 고두밥을 찐다. 찐 고두밥을 차갑게 식힌 다음, 잘 말린 황국과 밑술을 놓고 고루 비벼서 약 3개월 정도 발효시킨다.

세 번째 숙성과 술 뜨기에는 발효가 된 술과 용수, 그리고 체가 필요하다. 단지 안에 있던 잘 익힌 술이 익으면 단지에 넣어두었던 용수를 통해 술을 걸러낸 후에 약 15일 정도 숙성시킨다. 송화주를 온전히 빚기 위해서는 재료 장만과 발효를 시키는 데

숙성과 술 뜨기

약 100일 정도가 소요되는 셈이다.

  술의 알콜 도수는 약 14°~18° 정도이며, 이를 증류시켜 약 50° 정도의 증류주蒸溜酒[소주燒酒]로 만들기도 한다. 물론 판매나 양도의 목적이 아니라, 종가의 제주祭酒와 손님을 접대하기 위해서 제조되었다. 주로 봄과 가을에 제조하지만, 손님을 접대하기 위해서 겨울과 여름에도 제조하는 경우가 있다. 오랜 기간 동안 대대로 제조법이 전승되었고, 현 종부 김영한 역시 그의 시어머니(이숙경)로부터 전수받아 지금까지 유지하고 있다.

  1963년 9월 25일에 류성호의 증조부가 되는 류동시의 길사吉祀가 있었다. 이때 참석한 문중 종원들과 유림들이 약 600여 명이 되었다. 바로 이 도회都會에서 정재를 불천위로 결정하였고, 이후 정재가에서 불천위 봉사를 하게 되었다. 당시 이숙경은 내 방한 손님들을 접대하기 위해 직접 가양주를 빚었다고 하는 데, 그 노고가 얼마나 컸을지 대충이나마 짐작해 볼 수 있다.

정재가의 가양주는 송화주 외에도 여름에 사용하는 이화주李花酒가 있다. 여기서 '이화李花'는 술 색깔이 배꽃과 비슷하고, 또 술을 만들기 위해서 필수적인 재료인 누룩을 제조하는 시기가 배꽃이 필 무렵이기 때문에 그렇게 지었다고 한다. 이화주는 일반적인 술과는 다르게 누룩을 만들 때도 멥쌀을 사용하고, 그 멥쌀가루로 구멍떡이나 설기떡을 만들어 술을 빚는다. 술의 농도가 숟가락으로 떠먹을 정도로 걸쭉하며, 여름에 갈증을 해소하기 위해 찬물에 타서 마시기도 한다.

제5장 정재종가의 종손

전통시대부터 오늘날에 이르기까지 불천위 종가는 문중을 결집하는 소통의 공간으로서 갖추어야 할 다양한 구성 요소가 있다. 그 중에 가장 중요한 것이 바로 불천위 원위가 되는 훌륭한 인물이 있어야 한다. 그리고 다음은 종가를 경영하고 대를 이어 문중의 중심이 되는 종손과 종부가 있어야 한다.

이 중에 종손과 종부는 종택을 유지해야 하는 갖가지 소임뿐만이 아니라, 문중 종원들의 리더로서 외부에서 일어나는 대소사에 참여하여 문중을 대표하는 역할도 해야 한다. 정재종가를 경영하는 종손과 종부 역시 예외가 아니다. 그들은 젊은 시절부터 객지에 나아가 신교육을 받고 직장생활을 하다가, 종가를 지켜야 하는 의무감에 30대에 이미 고향으로 귀거래歸去來하였다.

정재종택이 유림의 공의를 얻어 불천위 종가로서의 위상을 정립한 지는 이제 50여 년쯤 된다. 이렇게 보면 정재종택은 불천위 종가로서의 역사가 그리 오래되지는 않았다. 하지만 정재의 후광은 당시에도 그랬지만, 지금도 명가로서의 위상은 대단하여 수백 년 되는 불천위 종가도 이에 비할 수 없을 정도이다. 현재 종가를 수호하고 있는 봉사손奉祀孫은 류성호柳成昊(1949년생)이며, 안채에는 광산김씨 김영한金永翰(1953년생)이 종부로서의 몫을 다하며 안살림의 경영을 맡고 있다.

1. 정재가의 봉사손이 되다

종가의 봉사손이 되다

정재종가는 1861년에 정재 선생이 하세한 이후에 류지호柳止鎬, 류연박柳淵博, 류동시柳東蓍, 류택번柳澤蕃, 류광준柳光俊으로 대를 이었다. 류광준은 19세가 되던 해에 17세였던 성산이씨 이숙경과 결혼하여 딸 류성규柳星奎와 현 6대 종손인 류성호柳成昊를 두었다. 이숙경은 한주寒洲 이진상李震相(1818-1886)의 손녀이며, 대계大溪 이승희李承熙(1847-1916)의 아들인 삼주 이해석李海錫의 따님이다. 삼주는 종손의 증조부와 가까운 친구였기에 사돈을 맺게 되었다고 한다. 종녀였던 류성규는 동계桐溪 정온鄭蘊

정재종가 6대 종손 류성호柳成昊[13세 때]

(1569-1641) 종가의 15대 종부로 출가하였다. 종손은 자신이 태어나기도 전에 이미 조부가 조졸하셨고, 3살 때 아버지마저 돌아가시게 되었다. 그래서 그가 어렸을 때, 종가의 경영은 증조부 류동시에 의해 운영되었다.

사실 종손은 아버지가 일찍 돌아가셨기 때문에 선친에 대한 기억이 별로 없다고 한다. 그는 사랑채에서 증조부와 거처하면서 많은 것을 보고 들으면서 견문을 넓혔다. 그리고 종가에 대대로 전해지고 있는 『가세영언家世零言』에 의하면, 1963년 9월 25일에 류성호의 증조부가 되는 류동시의 길사吉祀 때 문중 종원들을 비롯하여 도내 유림들이 약 600여 명이 모였다.

　그 도회都會에서 정재를 불천위로 결정하였고, 이후 정재가
에서 불천위 봉사를 하게 되었다. 당시 13살의 어린 종손이 돌아
가신 아버지와 할아버지를 대신하여 종손으로 삼년상을 치르게
되었다.

　제가 세 살에 선고가 돌아가셨어요. 조부는 제가 태어나기도
　전에 돌아가셨지요. 증조부께서 살림을 건사하셨는데, 일흔여
　섯에 돌아가셨습니다. 그때 증조부께서 거처하시는 사랑방 닦
　고, 어른들 요강 비우고 방 소지하는 일은 저의 몫이었습니다.

증조모는 환갑을 지내고 돌아가셨고, 조모와 어머니께서 안살림을 사셨습니다. 증조부께서는 슬하에 삼형제을 두셨는데, 그 중 맏이신 택澤자 번藩자께서는 결혼하신지 얼마 되지 않아 후사없이 돌아가셨습니다. 할머니께서는 친정이 개남 경주댁에서 오셨는데, 우리 아버지(광준)가 두 살 되었을 때 작은동서한테서 양자로 받아 데리고 와서 키웠어요. 농사는 우리 어머니가 다 관리했어요. 머슴 둘, 셋 데리고 있었지요. 저희 집이 조금 힘들 정도였어요. 근데 농사 규모는 논이 한 스무 아홉 마지기 정도였으니, 쌀이 없어서 오는 손님 대접 못할 정도는 아니였지만, 여유는 없었습니다. 그래서 어머니께서 바느질을 많이 하셨어요. 우리 어머니가 바느질을 참 빨리 잘하는 편이셨어요. 살림은 증조부한테 있는데, 이 어른이 돈을 내놓는 법이 없으니 어머니가 살림을 산 게 시집와서 시조모가 그때 환갑쯤 되었는데, 증조모한테 살림을 받아서 사셨죠. 그래서 우리 조모는 살림도 못 맡고 아들 하나 키웠는데, 일찍 아들 잃고. 그래서 제가 위로 누님이 한 분이고, 남매로 컸어요. 어머니는 성산이씨로 친정이 성주 한개인데, 한주 이진상 선생의 고손녀입니다. 한주공의 누님이 박실로 시집오신 분이 있어요.

당시 13살이었던 그는 너무 어린 나이에 종손의 책무를 맡게

200

된 셈이다. 필자가 그를 면식한 지는 수년이 되었다. 하지만 그의 살아온 삶을 구체적으로 알게 된 것은 이번이 처음이다. 평소 그는 온화한 성품과 여유있는 말투로 찾아오는 손님들을 늘 편안하게 응대하는 편이다. 그리고 정재 선생에 대한 향념 역시 남다르다. 그러한 그의 품성을 이제 충분히 이해할 수 있게 된 것이다.

종손의 어머니는 친정의 가계를 봐서 알 수 있듯이, 증조부는 정재의 문인이자 학문으로 한 시대를 풍미했던 대유大儒였다. 그리고 증조부는 독립운동과 학문연구로 평생을 살다가 이국만리에서 돌아가셨다. 이렇듯 그는 훌륭한 가문에서 반듯하게 자란 규수였다. 하지만 결혼을 하여 두 남매가 태어난 지 얼마되지 않아 남편이 세상을 떠나게 되자, 그의 삶은 긴장의 연속일 수밖에 없었다. 그는 남편과 시어른이 없는 문중을 이끌어 가기 위해서는 늘 강해져야 했다. 증조부가 살림의 경제권을 갖고 있었지만 실제로 머슴을 거느리고 많은 농사일을 챙기는 것은 늘 종부의 몫이었다. 그의 시조부는 76세에 돌아가셨는데, 돌아가시기 6년 전부터 병석에 누워있는 바람에 손수 병수발을 하였다.

종가를 위해 귀거래하다

불천위 종가의 종손으로 살아가기 위해서는 늘 많은 희생을 감내하며 살아가야 한다. 물론 그러한 희생이 싫다고 해서 그만

둘 수 있는 형편도 아니다. 어쨌든 타고난 운명으로 받아들여야만 한다. 하고 싶다고 해서 뭐든지 할 수 있는 것도 아니고 하기싫다고 해서 주어진 일을 거부할 수도 없다. 정재 종손은 이미 어린 시절부터 이러한 운명을 수용할 수밖에 없었다.

아마도 평생 짊어져야 할 책임 같고, 평생 져야 하는 건데, 누구 말처럼 그게 벼슬하거나 시험쳐서 되는 게 아니잖아요. 남의 큰집 주인이 그냥 운명적으로 결정되어지는 거거든요. 그러니 지금까지 살면서 한 번도 남들처럼 내 소신껏 창의적으로 뭘 해보려고 발버둥쳐보지도 못했죠. 어릴 때부터 그랬지요. 심지어 다른 애들이 여름방학이 되어 마당에 놀면 나도 어울려 같이 놀고 싶은데, 늘 할아버지 곁에 있어야 돼. 이 어른이 담배 피우고 싶으면 장대에 불붙여야 되고, 화로에 불이 늘있는지도 봐야 되고, 그러다 보니까 얽매이는 삶을 참 많이 살았지요. 더군다나 시냇가에 가서 친구들과 함께 놀고 싶은데제가 외동이니까 물가에서 잃을까봐 놀러도 안 보내고, 심지어 저는 중고등학교 때 수학여행을 못 갔어요. 대구에서 친척집에서도 좀 있었고, 자취도 좀 했고, 어머니가 집에 살림을 정리하고 대구 나오셔서 밥 해주시고 그런 시간도 있었어요.

종손은 자신이 태어나기도 전에 이미 조부가 돌아가셨고, 3

살 때 아버지마저 돌아가시는 바람에 증조부의 슬하에서 자랄 수밖에 없었다. 76세에 돌아가신 증조부는 돌아가시기 6년 전부터 이미 병석에 누워 있었다. 그래서 어린 나이에 누워있는 증조부 곁에서 잔심부름과 병수발을 들며, 많은 가르침을 받았다. 객지에서 학교 생활을 하다가도 방학이 되면 종가로 돌아와 증조부와 함께 사랑채에 거처하며 문중의 대소사를 보고 들으면서 나름대로 견문을 넓힐 수 있었다.

종손은 자라면서 사랑채에 어른이 없었기 때문에 참 외로웠을 것이라는 생각이 든다. 물론 주위에 가까운 일가들이 있긴 했지만, 일찍이 조부와 아버지가 돌아가셨고, 독자로서 크게 의지할 데 없이 늘 혼자서 가계를 경영하고 문중의 대소사를 챙겨야 했다. 증조부는 아들과 손자가 조졸하자 독자인 증손자를 잃을까봐 늘 노심초사였다. 그래서 종손은 중고등학교에 다닐 때 누구나 가는 수학여행조차 갈 수 없을 정도였다. 임동에서 초등학교를 졸업한 후, 대구로 건너가 중·고등학교를 졸업하였다. 그리고 대학 진학을 위해 서울로 상경했다.

대학을 졸업하고 대학원을 들어갔는데, 6개월쯤 다니다 그만 두고 내려왔어요. 내려온 게 조모가 돌아가시고 나서, 조모가 내가 대학 4학년 졸업하기 직전에 돌아가셨어요. 그래서 어머니 혼자 계시는 시골을 못 잊어서 6개월 정도만 대학원에서 공부를 했지요. 그 공부를 좀 더 하고 싶었는데, 형편이 그러니 할 수 없이 내려왔지요. 그 당시 대학원 공부를 계속 했으면 훌륭한 학자가 될 수도 있었을 텐데. 어쩌면 내가 사는 삶의 길을 잘못 들었다 싶은 생각이 들기도 하고, 우리 식구도 '당신 그때 공부를 더 했으면 괜찮을 건데' 그런 이야기를 해요. 내려와서 농사 짓고, 얼마 지내다 선도 보고 그랬지요. 제가 스물네 살쯤에 내려왔어요.

종손은 대학을 졸업하고 대학원을 진학했다. 자신의 장래에 대한 꿈도 있었고, 하고 싶은 공부였기 때문이다. 하지만 더 이상 대학원에서 공부하기에는 종가의 환경이 허락하지 않았다. 대학교 4학년 때 조모가 돌아가시고 고향에는 어머니만 계시게 되었다. 집안의 많은 대소사를 처리하고 전답을 경영하기에 어머니의 힘으로는 역부족이라는 것을 그는 느꼈던 것이다. 그리고 많은 갈등을 했을 것이다. 보통 사람들이 이해할 수 없는 판단이었겠지만, 결국 그는 학업을 포기한 채 고향으로 돌아와 집안을 돌보며 농사를 짓게 되었다. 그리고 3년 뒤 27세의 나이에 결혼을 하게 되었다.

스물일곱에 장가를 갔는데, 중매 결혼이었어요. 날을 받으니까 보름 만에 날이 나온 거예요. 그래 장가가기 전에 처가에

정재종가 6대 종손 류성호柳成昊

'날이 이렇게 나왔습니다.' 하는 소리를 하러 갔지요.

전통시대에만 해도 큰 종가의 맏며느리 자리는 매우 선호하
는 자리였다. 물론 당시에만 해도 큰 종가는 물질적으로 어느 정
도 여유가 있었고, 종손과 종부가 사회적으로 존경을 받을 수 있
는 위치였다. 그래서 혼기가 된 종손을 위해 종부를 맞을 때는 본
가뿐만이 아니라, 문중에서도 많은 고민을 통해 종부를 고른다.
정재종가 역시 마찬가지였을 것이다. 그래서 중매를 하는 측에
서도 큰 혼사였기에 상당히 신중하게 양가에 접근했다.

종손은 27세가 되던 1975년, 오천 군자리에 있는 설월당종
가의 김영한金永翰을 맞아 결혼하였다. 설월당종가는 안동의 대

표적인 명가이다. 당시 23세였던 종부 김영한은 어릴 때부터 이미 친정 어른들에게 반가의 여성이 갖추어야 할 품격을 배운 규수였다. 그는 혼사가 있기 전에 일찍이 혼자 몸이 되어 큰 문중을 경영하고 있던 시어머니의 강한 성품을 이미 듣고 있었다. 하지만 어려서부터 낙천적인 사고방식을 가졌던 종부는 시어머니가 될 안어른의 강성은 큰 걸림돌이 된다는 생각을 하지 못했다. 그러나 결혼을 해서 막상 낯선 시댁에 들어가보니 외부에 알려진 것보다 어려웠다고 한다.

　종손은 결혼을 한 지 얼마 되지 않아 다시 서울로 올라갔다. 집에 노종부를 두고 서울로 올라갈 때는 나름대로 큰 꿈을 갖고 올라 갔을 것이다. 하지만 서울 생활은 만만치 않았다. 서울에서 자식도 낳고 열심히 직장생활을 했지만 그에게 또다른 난관이 가로막았다. 직장과 가정, 그리고 봉제사를 한꺼번에 행하기에는 어려웠던 것이다. 심각한 고민 끝에 결국 열심히 다니던 회사를 그만두고 다시 고향으로 돌아왔다.

　종손은 아들 셋과 딸 둘을 두었다. 당시만 해도 우리나라는 식량문제와 인구의 폭발적인 증가를 막기 위해 산아제한産兒制限을 권장하던 때였다. 그는 아들 하나와 딸 둘을 두었다가 3대 독자였던 자신의 외로웠던 과거를 생각하여 다시 낳은 자녀가 쌍둥이 아들이었다.

　그는 종가를 지키기 위해 자신의 꿈을 접었던 과거를 회상하

7대 차종손 류지윤柳志潤과 차종부

면서 자식들만은 자신들의 꿈을 마음껏 펼칠 수 있게 가정에 신경쓰지 말고 각자의 삶에 충실할 것을 당부했다.

> 너거는 내가 살아 있는 동안은 부담 갖지 말고, 편하게 살라고 해도 큰애가 자기 역할은 잘 해요. 내외가 차가 없었을 때도 구미에서 제사 지내러 와요. 저녁에 제사 지내고 새벽에 첫차 타고 가자면 얼마나 애를 먹었겠어요. 한 몇 해를 그렇게 하는데, 그게 부담스럽다는 생각을 들었어요. 우리는 운명 지워진 대로 이렇게 살지만, 애들한테는 조금 편하게 살라고 해도 우리 며느리가 제사 이외에도 한 달에 한 번씩은 와요.

종손의 아랫대는 종손의 유전인자를 타고나는 듯하다. 물론 차종부 역시 마찬가지다. 젊은 사람들 같지 않게 평소에 어른들의 일거수일투족을 잘 보고 듣고 체득한 것 같다. 결혼한 지 얼마되지 않았을 때, 구미에서 직장생활을 하는 차종손과 차종부는 대중교통을 이용하여 안동 종가까지 오가려면 버스와 기차를 몇 번이나 갈아타야만 했다. 이런 생활 여건에도 불구하고 한 번도 거르지 않고 제사에 참석할 수 있었던 것은 조상에 대한 차종손의 향념도 중요하겠지만, 마음 속에서 우러나는 차종부의 지극한 효성과 배려가 있지 않았다면 실천하기 어려운 일들이다.

> 내가 그저 산 삶의 모습이 제[아들]한테 반듯하게 보여져야 안 되나 하는 생각은 늘 합니다. 그러니까 애비가 모범이 아니면 전범이 아니면 아들도 전범이 아니에요. 그 애비가 아들이 보는 거울인데, 제일 무서운 게 아들이에요. 바람은 없고 나는 얽매여서 안 된다는 말만 듣고 살다 보니까. '너는 너 하고 싶은 대로 해봐라. 그래야 결론이 나고 그렇지, 나는 내가 살았던 삶을 네가 그렇게 하기를 안 바란다.' 그런 마음이에요.

종손의 아랫대는 내외가 모두 선대의 정신을 계승하여 향후 종가를 잘 보존할 수 있는 기본이 갖추어져 있는 것 같다. 종손은 평소 인품처럼 언제나 남에게 강요하지 않는다. 물론 자녀들에게도 마찬가지다. 이는 오늘날 문자로 남아 있는 정재 선생의 삶에서 우리가 느낄 수 있고, 선생의 이러한 삶이 대대로 잘 전해지고 자손들이 체득하여 실천한 결과라고 할 수 있다. 세상을 바르게 살아가는 반듯한 아버지의 모습을 본 자녀는 아버지의 그러한 모습이 내 삶의 전범이 되고 모범이 될 수밖에 없다.

2. 21C에 종손으로 살아가기

　　물질이 정신을 앞서고 변화가 정체를 용납하지 않는 첨단의 21C에, 종가는 조상들로부터 물려받은 유무형의 문화원형들이 변형을 거듭할 수밖에 없었다. 하지만 다행스럽게도 선대로부터 전승되어온 기본적인 관습이나 문화는 그나마 보존하고 있다. 지난 수 세기 동안 선대가 그랬듯이 불천위 대제에는 해마다 같은 날, 같은 제수祭需를 정성껏 진설하여 종손과 종부를 비롯하여 문중의 많은 지손들이 같은 제복과 관을 쓰고 제석祭席에 선다. 어떤 이는 이를 두고 허식이니 허례니 하지만, 참제하는 후손들은 훌륭한 조상에 대한 추모이며 효의 연장으로 생각한다.

　　근래 우리사회에는 정신문화의 중요성이 각계에서 발흥하

는 조짐이 보인다. 그래서 전통문화가 가장 잘 보존되어 있는 종가는 교육과 체험의 공간으로 활용되고 있다. 종가를 찾는 이가 부쩍 늘었다. 따라서 종가에서 해야 할 접빈객의 수도 늘어난 셈이다. 정재종가 역시 이러한 시대적 변화에서 벗어날 수 없다. 종손은 서울에서 낙향한 이후에 과수원을 경영하여 경제력을 확보하고, 종가 수호와 사회활동을 겸하고 있다. 지난날 농경사회처럼 많은 전답을 소유하고 있는 종가는 전답의 생산물로만 종가를 경영할 수 없다. 그는 변화하는 산업사회에 순응하면서도 나름대로 자신만이 고집하는 그 무엇이 있었다.

> 제사도 자꾸 변해간다는 생각을 해요. 다른 차이는 없고, 옛날에 해왔던 그 방식대로 지내요. 우리가 살아가면서 원형이 있다고 하면 큰집 살림에 그 원형이 전범이 되어야 된다고 생각하니까 옛것을 고집하게 되고. 달라진 거는 제삿날을 파재날 초저녁에 지냅니다. 제가 결혼을 하고 서울로 살림을 나면서 당시에 서울은 통금이 있는 데, 지하 어른들이 제사 지내러 오시면 방은 두 개밖에 없고, 돌아가셔야 되는 데 그게 안 돼서 파재날 초저녁으로 했어요. 그때는 설을 양력을 쐤어요. 직장 다닐 때는 직장에서 양력설을 쐬니 방법이 없었지요. 그러다 문민정부 들어서면서 음력설을 쐬고 하니 저희도 여기 와서 음력설을 쐬어요.

지난 수세기 동안 무실의 전주류문에서 가학으로 전해져 내려온 학문 가운데 가장 중요하게 여겼던 것이 바로 예학禮學이다. 그렇다보니 사람들이 정재종가만은 시대가 변해도 예법이 바뀌지 않을 것이라는 선입견을 갖게 된다. 하지만 종손은 시대적 변화에 순응하되, 원형만은 바꾸지 않을 것이라는 자신만의 소신이 있다.

그리고 산소에 가서 할배 산소에 엎드려서 절하는 거는 사람이 스스로 겸손하려고 늘 자기 자신을 다듬어서 옷도 단정히 하고 지금 가도 말이지요. 그래서 조상 앞에 엎드렸을 때 고해 성사하듯이 내 마음이 그런 마음으로 선다는 생각을 해요 늘. 내가 살다가 죽으면 저승에서 할배한테 차례대로 만나 뵐 건데, '할배 저 왔니더.' 하면 그래 너는 어떻더라고 어른 분들이 말씀하실 거 아니냐는 생각을 하고, 할배한테 '제가 이렇게 살았니더. 어땠니까? 괜찮았니까? 이게 맞니까?' 이렇게 한번 여쭤봐야 안 되겠나, 그 여쭤본다는 게 내 스스로 삶의 반성 같은 게 필요하지 않겠느냐. 그래 산소도 매번 가본 사람은 그렇게 반성하며 살지 않겠나 싶어요.

첨단 시대에 자신의 목적한 바를 향후 앞만 쳐다보고 바쁘게 살아가는 우리들에게 큰 가르침을 주는 말씀이다. 종손이 우리

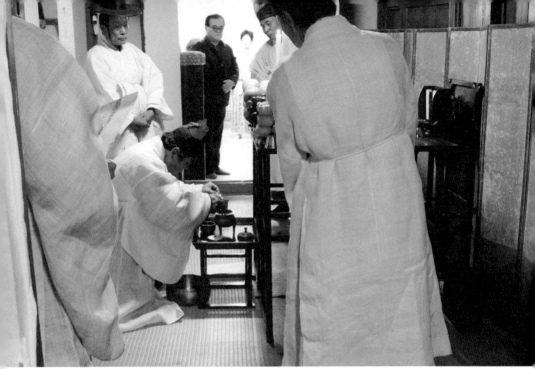

6대 종손 류성호柳成昊

들에게 던지는 메시지는 자신을 돌아볼 수 있는 '자성지변自省之
辯'이다. 그는 봉사奉祀나 성묘省墓와 같이 연간 행해지는 의례를
그저 종가의 일상적인 의식으로 생각하지 않았다. 제사는 미신
이나 토템이 아니라, 효의 연장이자 실천이다. 그는 연중 행해지
는 갖가지 의례를 통하여 늘 자신을 되돌아보고 신칙하는 기회로
도 삼았다. 그리고 평생 동안 살아가면서 한 점 부끄러움 없이 살
겠다는 의지도 느껴진다.

3. 종부로 산다는 것

종가의 종손이 사랑채에서 문중을 경영한다면, 종부는 안채에서 집안의 사소한 모든 일들을 챙긴다. 종손은 운명적으로 타고나지만, 종부는 선택의 여지가 있다. 물론 지난 시대에 종부들은 혼사의 최종 선택을 본인이 하였지만, 많은 부분이 친정 부모의 의사와 집안 어른들의 의견을 따르는 편이었다. 특히 종부들의 인생에서 결혼은 매우 중요한 일이다. 정재종가의 종부 김영한金永翰은 오천 군자리에 있는 광산김씨 설월당종가의 13종손 김정현金定鉉와 옥천 전씨沃川全氏 사이에 2남 4녀의 막내로 태어났다.

6대 종부 김영한金永翰

　　광산김씨 설월당종가는 설월당雪月堂 김부륜金富倫(1531−
1598)을 종조로 삼아 지난 수백 년 동안 안동을 비롯한 영남 유림
에서 중요한 역할을 하였다. 특히 설월당의 아들 계암溪巖 김령金
(1577−1641) 역시 대과에 급제하여 인조반정 이후 '영남제일인嶺
南第一人'이라는 평가를 받을 정도로 안동은 물론이고 영남을 대
표하는 인물이었다. 종부의 친정 부모는 매우 인자하셨고, 다복

한 가정환경에서 자랐다.

요새 생각하면 저는 우리 친정 어른들 성품을 많이 못 닮은 것
같아요. 우리 친정 아버지와 어머니는 굉장히 현명하고 인자
하신 분이셨어요. 나는 자라면서 한번도 야단을 맞은 적이 없
을 정도로 자기 자신이 모든 것을 깨우치게 하셨지요. 잔소리
도 별로 하지 않으셨지요. 만약 잘못을 하면 때리는 모양만 취
하고 손을 대지 않았어요. 그래서 제가 '엄마는 때리지 왜 그
렇게 견주기만 하냐'고 여쭈면, '아까워서 어떻게 때리냐'고.
사랑에서도 야단맞은 적도 없고, 제가 6남매의 막내인데, 자식
이 많잖아요, 딸들이 넷씩이나 되면 딸 소리도 할 법도 할 텐
데, 우리 조부도 내가 마당에서 뛰어놀면 전혀 질책한 적이 없
었지요. 옛날에 수박이 귀하잖아요. 그러면 먹고 나가라고 그
러시고. 자유롭게 컸어요.

23세(1975)에 종손 류성호를 중매로 만나 결혼하였다. 사실
당시에 종가에서 태어나 종가로 시집가는 혼사는 흔한 일이긴 하
지만, 결혼하게 될 규수는 내심 힘든 결단이 필요하다. 왜냐하면
청혼한 종가가 어떤 종가인지, 경제력은 있는지, 시어른들의 성
품은 어떤지, 문중의 규모가 어느 정도인지 등에 대해 고려해야
할 것들이 너무나 많다. 하지만 김영한은 명가의 규수로서 집안

어른들의 결정에 따라 망설임 없이 23세의 나이에 무실 정재종가에 6대 종부로 들어갔다.

종가는 그 집이나 이 집이나 비슷하니까 크게 걱정하지 않았는데, 우리 시어머니가 무섭다는 소문이 났어요. 그게 내 귀에 들어왔어요. '그 집이 그리 무섭다는 데 왜 그 집에 갈거냐' 어른들이 끌고 와서 거의 성사가 될 지경이니까, 이제 내 의향을 물어야 되잖아요. 우리 친정 오빠가 저한테 물었어요. 이미 우리 엄마 아버지는 돌아가셨고. '그래 시어머니 자리가 무섭다는데, 네가 어떻게 할라노?' 내가 '아무리 무섭다고 호랑이 지 새끼 잡아 먹겠나' 그러니까, '네가 그런 생각을 하면 됐다.' 고 하셨지요.

그런데, 제가 어릴 때, 우리 마을에는 일가들만 사는 마을이었지요. 이웃집에 어머니와 함께 가면 밥상도 따로 외상으로 차려서 어머니를 대접했어요. 나도 종가에서 왔다고 엄마 옆에 수저를 놔주고, 다른 애들은 둥근 상에 전체로 모여 먹었는데. 그런 걸 보면서 어린 마음에 '아, 나도 시집을 가면 마을에 주인 역할 하는 집에 가지. 있으나마나한 그런 집에 시집가지 않겠다.' 고 그런 생각을 했지요.

평소 주위에서 들은 소문처럼 시어머니는 강한 성품의 어른이었다. 시어머니의 이러한 성품은 천부적인 요인도 있었겠지만, 자신에게 주어진 주위 환경이 그를 강한 종부로 만들었을 수도 있다. 그는 일찍 조졸한 남편을 대신하여 엄격한 증조부를 봉양해야 했고, 어린 자녀들을 부양해야 했다. 시조부와 남편 양대가 없는 집안을 경영하기 위해서는 맏며느리로서 강해질 수밖에 없었을 것이다. 그렇게 하지 않으면 문중의 종원들을 상종할 수 없고, 머슴들을 거느리고 전답을 경영하기에는 벅찰 수밖에 없었을 것이다.

우리 시어머니는 무섭기는 했어요. 근데 내가 이 어른하고 같이 살 방법을 연구를 한 거지. 서로 맞닥뜨려서는 못 사는 거잖아요. 일단 내가 자식이고 하니까, 우리 어른이 곁으로는 강해도 뒤로 굉장히 마음이 여린 편이었어요. 그러니까 '어머니 이러고 저러고' 이러면 내 말을 잘 들어주셨고, 속상하면 '이러이러 해서 속상하고', 그때는 솔직한 얘기를 했어요.

김영한은 참 지혜로운 종부였다. 그는 강한 시어머니를 직접 대응하기보다 설득하고 솔직하게 대했다. 시어머니는 의외로 마음이 여리고, 마음이 화통한 여성이었다. 그는 친정에서 큰 어려움 없이 곱게 자랐지만, 큰 문중으로 시집와서 순조롭게 잘 적응한 편이었다.

앞에서 잠시 언급했듯이 노종부는 한주 이진상의 고손녀이
다. 그래서 한 시대를 앞서서 살았던 시어머니의 세대에는 형식
적이긴 하지만 어느 정도 외형을 의식하며 살아야 하는 반가의
격을 무엇보다 중요시했다. 이러한 점에 있어서 종부는 시어머
니와 세대간 문화의 차이를 느꼈다.

우리 어른은 부잣집에서 크셨고, 이 집에 오셨을 때도 그때는
부자였어요. 그러니까 늘상 음식, 손님 접대에 굉장히 치중을
많이 하셨어요. 보여지는 삶에 대해 체면이나 이런 걸 굉장히
중요하게 여기셨어요. 나는 생각이 다른 거예요. 나는 보여지
는 삶에 그렇게 충실할 필요는 없다는 생각을 하고 있었고, 그
래서 그런 면들이 힘든 부분이 되었지요.
우리 어른은 '이걸 이렇게 해라, 저렇게 해라' 가르쳐주시지
는 않으셨어요. 내 스스로 뒤에서 어깨 너머로 보고 배워야 되
고. 만약에 청포묵을 한다 이러면 하는 걸 내가 뒤에서 보면 한
동안 내가 서울에 나가 살았어요. 갈 때 녹두 한 되 달라고. 그
래 당장에 실습을 해봐야지 습득이 되니까. 요새 생각해보면
조금 내가 힘들기는 했지만, 음식이나 그런 거는 그런 생활을
안 했으면 못 배웠을 거라는 생각은 해요. 우리 집에는 음식을
많이 했어요. 맨날 음식 장만하는 게 하루 일과였어요.

종부의 소임 중에 봉제사 접빈객을 위한 음식과 제수를 장만하는 일은 무엇보다 중요한 일이다. 그가 시집 올 당시에만 해도 무실종가와 박실종가가 객지에 나가 있는 바람에 무실에 찾아오는 손님의 대부분을 정재종가에서 응대할 수밖에 없었다. 시집 온 지 얼마 되지 않은 새 종부는 다양한 요리 솜씨를 노종부의 어깨너머로 보고 배울 수 있었다. 특히 대대로 내려오는 가양주인 송화주松花酒는 1993년에 경상북도 무형문화재 제20호로 지정받았다. 지금도 송화주를 빚는 비법을 노종부로부터 전수받아 종부가 빚어서 제주나 접빈용 주안상에 쓰고 있다.

일반적으로 오늘날 종가의 종부에게서는 지난날 선대 종부들이 받았던 권위와 명예는 별로 찾을 수 없다. 전통시대에는 불천위 종가의 종부는 나이가 어려도 지손들조차 말을 함부로 낮출 수 없을 정도로 권위를 갖추고 있었다. 하지만 지금은 그저 의무와 책임만 고스란히 남아 있을 뿐이다. 정재종가의 종부로 와서 많은 어려움과 시련이 있었을 것이다. 이제 그도 차종부를 맞았다. 그는 새로 맞은 차종부에게 가끔 몇 가지 가르침을 주기도 한다.

우리 애한테도 내가 특별히 당부한 거는 없고 그저 기본에 충실하라고 합니다. 이렇게 말하면, 애들이 '예' 라고 쉽게 대답하죠. 사실 내가 마음 속으로 '기본에 충실하려면 좀 힘들 건

데 어쩌려고 저렇게 쉽게 대답하는고' 싶기는 합니다. '기본
에 충실하면 되지 너무 잘 하려고 애 쓰지 말라.'라고 했는데,
어쩌면 내가 말을 잘못하는가 싶기도 해요. '집을 비유하자면
너의 신랑은 대들보지만, 너는 네 기둥이니까, 집이 안 흔들리
려면 네 기둥이 튼튼해야 되니까, 네 기둥역할을 충실히 하
라.'고 그랬지요.

오늘날 우리사회에서는 지난 수백 년 동안 지켜 내려온 종가
의 다양한 전통문화를 계승하고 종가를 수호하기란 여간 어려운

일이 아니다. 종손의 역할도 중요하지만, 이에 앞서 종부의 소임이 매우 중요하다. 기본에 충실하면서 종손이 대들보가 되고 종부가 튼튼한 네 기둥이 되어 잘 유지할 수 있다면 종가를 잘 수호할 수 있을 것이다. 매우 평범한 가르침이긴 하지만, 쉽게 실천할 수 있는 것이 아니다. 가정의 중요성이 많이 희석된 오늘날 우리 사회에 정재종가 종부의 말은 매우 소중한 가르침이 아닌가 생각해 본다.

참고문헌

류영수, 『全州柳氏 水谷派 家學의 形成과 展開』, 慶北大學校文學碩士學位
　　　論文, 2008.

류영수, 『定齋 柳致明 經學 硏究』, 慶北大學校文學博士學位論文, 2011.

이상호, 「四端七情論의 變化로 본 退溪學의 分化와 展開」, 『儒敎思想文化
　　　硏究』 제53집, 한국유교학회, 2013.

이상호, 「정재학과 성리학의 지역적 전개양상과 사상적 특성」, 『국학연
　　　구』 제15집, 한국국학진흥원, 2009.

이상호, 「寒洲學派 心卽理설에 대한 定齋學派 심성론의 비판적 특징」, 『儒
　　　敎思想硏究』 제43집, 한국유교학회, 2011.